"十四五"职业教育国家规划教材

国家林业和草原局职业教育"十三五"规划教

园林工程施工管理

操英南　项玉红　徐一斐　主编

中国林业出版社

内 容 简 介

本教材紧扣高等职业学校园林技术专业教学标准中园林工程施工管理工作任务要求，结合园林工程施工生产一线实践，在系统阐述园林工程施工管理的基本理论和专业知识的同时，采纳了大量实操的方法、步骤和相应的记录表格。另外，还引入了当前园林工程施工企业普遍采用的和国际市场准入重要条件之一的"三标"一体化管理体系(即 ISO 9000 质量、ISO 14000 环境、OHSAS 18000 职业健康与安全)标准的相关知识的介绍。本教材包括：园林工程施工管理概述、园林工程项目经理部的组成及其职责、园林工程施工组织设计、园林工程施工现场及环境管理、园林工程施工资源管理、园林工程施工进度管理、园林工程施工质量管理、园林工程施工项目成本管理、园林工程施工职业健康与安全管理、园林工程竣工验收与养护管理、园林工程施工资料管理 11 个单元的内容。

本教材可作为高等职业院校园林类专业的专业课教材，也可以作为非园林类专业的选修课教材，还可作为中等职业学校相关专业学生或从事园林施工管理人员的培训教材和参考用书。

图书在版编目(CIP)数据

园林工程施工管理／操英南，项玉红，徐一斐主编.
—北京：中国林业出版社，2019.10(2024.1重印)
"十四五"职业教育国家规划教材　国家林业和草原局职业教育"十三五"规划教材
ISBN 978-7-5219-0380-5

Ⅰ.①园… Ⅱ.①操… ②项… ③徐… Ⅲ.①园林-工程施工-施工管理 Ⅳ.①TU986.3

中国版本图书馆 CIP 数据核字(2019)第 274271 号

国家林业和草原局生态文明教材及林业高校教材建设项目

中国林业出版社·教育分社

责任编辑：田苗　田娟
电话：(010)83143634　　　　传真：(010)83143516

出版发行　中国林业出版社(100009　北京市西城区德内大街刘海胡同 7 号)
　　　　　E-mail：jiaocaipublic@163.com
　　　　　电话：(010)83143500
　　　　　http://www.forestry.gov.cn/lycb.html
经　　销　新华书店
印　　刷　北京中科印刷有限公司
版　　次　2019 年 10 月第 1 版
印　　次　2024 年 1 月第 4 次印刷
开　　本　787mm×1092mm　1/16
印　　张　13
字　　数　300 千字
定　　价　42.00 元

数字资源

《园林工程施工管理》
编写人员

主　编

　　操英南　项玉红　徐一斐

副主编

　　王　燚　刘　仙　杨敏丹

编写人员（按姓氏拼音排序）

　　操英南(湖北生态工程职业技术学院)

　　陈　辰(安徽林业职业技术学院)

　　代彦满(三门峡职业技术学院)

　　刘　仙(湖北生态工程职业技术学院)

　　曲良谱(江苏农牧科技职业学院)

　　孙海龙(黑龙江林业职业技术学院)

　　王　博(咸阳职业技术学院)

　　王　燚(山西林业职业技术学院)

　　项玉红(云南林业职业技术学院)

　　徐一斐(湖南环境生物职业技术学院)

　　薛君艳(杨凌职业技术学院)

　　杨敏丹(广东生态工程职业学院)

前　言

随着我国国民经济的快速发展，人民的生活水平不断提高，人们对我们赖以生存的环境要求也越来越高，特别是党的十八大以来，国家在重视经济建设的同时，对生态环境的建设提到了前所未有的高度，许多城市提出了建设国际花园城市和森林生态城市的目标，营造绿色和谐的人居环境已经成为城市建设的根本目标。这就要求必须具有一批既懂园林专业理论，又有实践技能，还要懂得经济管理和环境保护的园林工程建设者，因此，对园林工程建设施工与管理的人才提出了更高的要求。为了满足社会发展对园林工程建设管理的需要，国家林业和草原局院校教材建设办公室组织了全国相关高职院校，编写了这本《园林工程施工管理》教材。

本教材包括：园林工程施工管理概述、园林工程项目经理部的组成及其职责、园林工程施工组织设计、园林工程施工现场及环境管理、园林工程施工资源管理、园林工程施工进度管理、园林工程施工质量管理、园林工程施工项目成本管理、园林工程施工职业健康与安全管理、园林工程竣工验收与养护管理、园林工程施工资料管理 11 个单元的内容。

本教材紧扣高等职业学校园林技术专业教学标准中园林工程施工管理工作任务要求，结合园林工程施工生产一线实践，在系统阐述园林工程施工管理的基本理论和专业知识的同时，采纳了大量实操的方法、步骤和相应的记录表格。另外，还引入了当前园林工程施工企业普遍采用的和国际市场准入重要条件之一的"三标"一体化管理体系（即 ISO 9000 质量、ISO 14000 环境、OHSAS 18000 职业健康与安全）标准的相关知识。

为贯彻校企"双元"合作开发的理念，首先，在编写人员的遴选上，由既具有丰富的教学经历，又有企业工作实践经验的双师型教师操英南老师、项玉红老师、徐一斐老师共同担纲主编。其中，操英南老师在设计院、园林工程公司工作二十余年，长期从事设计、质量管理、施工管理等工作，并担任过园林工程公司的总工程师多年；项玉红老师在设计院工作二十余年，并担任总工程师多年；徐一斐老师也有多年的企业工作经历。其次，本教材在编写的过程中，得到了武汉绿岛园林工程股份公司的同仁们的大力支持，如在编写第 4 单元环境因素的识别和环境影响的评价，以及第 9 单元危险源的辨识及安全风险评价部分时，武汉绿岛园林工程股份公司提供了相关资料，由具有多年一体化管理经历的操英南老师整理编入教材。再次，还得到了有二十余年园林工程施工监理工作经验的万贤芳、万立贤两位总监的支持，他们对本教材的编写都提出了很多宝贵意见。

本教材由操英南制定编写提纲，并编写单元 1、单元 5，徐一斐编写单元 2，王燚编写单元 3，项玉红编写单元 4，曲良谱编写单元 6，薛君艳编写单元 7，陈辰编写单元 8，孙海龙编写单元 9，刘仙编写单元 10，杨敏丹编写单元 11，代彦满、王博编写单元 1、单元 5 实训部分内容。全书由操英南统稿，项玉红、徐一斐两位老师在全书校对方面做了大量工作。

　　本教材在编写过程中，全体编写人员通力合作，使得编写工作顺利完成，在此一并致谢！在编写过程中，得到了武汉绿岛园林工程股份公司的同仁及万贤芳、万立贤两位总监的支持，在此向他们表示衷心感谢！本教材在编写过程中，还得到了兄弟院校、中国林业出版社等的支持和帮助，同时参考了有关同仁的著作和资料，在此向他们表示衷心的感谢！

　　由于时间仓促及编者水平有限，缺点和错误在所难免，敬请读者提出宝贵意见，以便修改订正。

操英南

2019 年 8 月

目　录

单元 1

园林工程施工管理概述

【知识目标】

(1) 了解管理、管理者及组织的基本概念，明确管理的职能及管理工作的特点，熟悉管理者的分类、职责和能力结构。

(2) 了解园林工程建设基本程序及招投标和合同管理的一般概念，熟悉园林工程项目的划分及园林工程施工的一般程序。

(3) 了解项目管理的概念，明确园林工程施工管理的任务、内容和方法。

【技能目标】

(1) 能够理解效率、效果和效益的概念及三者的相互关系。

(2) 能够熟悉不同层次的管理者所需的能力结构最优组合，从而加强自身能力的提高。

(3) 具备园林工程项目划分的能力。

【素质目标】

(1) 激发对专业的热爱，以及建设美丽中国的奉献精神。

(2) 增强专业认知，遵守专业规范和职业道德规范。

1.1 管理及管理者

1.1.1 管理与组织

1)管理的概念

管理活动自古即有，但什么是"管理"，从不同的角度出发，可以有不同的理解。从字面上看，管理有"管辖"和"处理"之意，即对一定范围的人和事进行安排和处理。但是这种字面的解释是不可能严格地表达出管理本身所具有的完整含义的。

关于管理的定义，至今仍未得到公认和统一。长期以来，许多中外学者从不同的研究角度出发，对管理做出了不同的解释，其中较有代表性的有："科学管理之父"泰罗对管理是这样解释的："管理是确切知道要干什么，并使人们用最好、最经济的方法去干"。管理学家赫伯特·A·西蒙(Herbert A Simon)认为"管理就是决策"。现代著名管理学家 H·孔茨则提出"管理是设计和维持一种环境，使集体工作的人们能够有效地完成预定目标的过程"。

西方各个管理学派，按照其各自的管理理论，对管理的概念有不同的解释。其中包括：①管理是一种程序，通过计划、组织、控制、指挥等职能完成既定目标。②管理就是决策。决策程序就是全部的管理过程，组织则是由作为决策者的个人所组成的系统。③管理就是领导，强调管理者个人的影响力和感召力对管理工作的重要意义。④管理就是做人的工作，它的主要内容是以研究人的心理、生理、社会环境影响为中心，激励职工的行为动机，调动人的积极性。

综合上述各种观点，对管理的比较系统的理解为：管理是管理者或管理机构，在一定范围内，通过计划、组织、领导和控制等职能，对组织所拥有的资源(包括人、财、物、时间、信息)进行合理配置和有效使用，以实现组织预定目标的过程。

这一定义有四层含义：第一，管理是一个过程；第二，管理的核心是人；第三，管理达到目标的手段是运用组织拥有的各种资源；第四，管理的本质是协调。

2)组织

组织是指由多人组成的、有明确目的和系统性结构，通过规章制度规范其成员行为的集体。依照组织目的的不同可分为非营利性组织和营利性组织两种基本类型。

非营利性组织，是一类不以市场化的营利目的作为自己宗旨的组织。非营利性组织的团体多种多样，大致可分为：政府性组织，如政府部门、法院、检察等行政机关，政府工作的内容是为各类公众、团体进行服务，必须在人民大众心目中树立一个公正、廉洁、高效、开明的社会形象；公益性的团体组织，如基金会、社会志愿者协会、慈善机构等；宗教类团体组织，如宗教协会、教堂、民间宗教机构等；文教类的团体单位，如学校、研究所、教育部门、文艺团体等；环保类团体组织，如绿色组织、动物保护者协会等机构；消费者权益保护类团体组织，如消协、法律援助中心、社区业主管委会等。非营利性组织要运用传播手段将组织的宗旨、目标以及其他相关信息告知社会公众，不断提升社会组织的影响力，获得广泛的知名度和美誉度，为组织的发展创造一个"天时、地利、人和"的良好的社会环境。

营利性组织，是以组织的利益为目标的社会组织。这类组织讲究资本的投入产出，讲究利润的回报。可以简单地分为：制造业、商贸业、旅游业、交通运输业、工程服务业等。营利性组织为了获得自身的发展必须同组织内外部的公众建立良好的关系，为组织的生存与发展创造和谐的社会环境。

在我国，营利性组织是指经工商行政管理机构核准登记注册的以营利为目的，自主经营、独立核算、自负盈亏的具有独立法人资格的单位，如企业及其他各种经营性事业单位。

企业的独立性主要表现在：企业的财产独立；生产经营独立；利益独立；责任独立；诉权独立。

企业组织形式是指企业存在的形态和类型，主要有独资企业、合伙企业和公司制企业三种形式。现代企业的主要形式是公司制企业，如有限责任公司、国有独资公司、股份有限公司、上市公司等形式。

1.1.2 管理绩效及管理工作的特点

1）管理的意义

管理是指在社会组织中为了实现预定的目标，通过协调人们的行为与活动方式使群体的共同活动有序化，通过计划、组织、领导、控制等职能有效利用组织资源，提高组织活动的效率与效果的过程。

（1）效率

效率是指单位时间或单位劳动量所取得的成果数量，反映一定资源投入量与产出成果量之间的比例关系，反映劳动时间及各种资源的利用状况。效率与活动的过程和活动的方式相联系，强调在资源不被浪费的方式下开展工作，也就是用最少的资源达到组织目标的能力，即"正确地做事"——使资源成本最小化，涉及"投入—产出"间的数量关系。

（2）效果

效果是指将一定资源要素经过人类劳动转换而产出的有用成果，反映组织目标实现的程度和产出成果的效用价值。检验活动的效果如何一般以是否被社会所需要和接受、是否有利于组织的发展为判断标准。效果与决策相联系，强调选择正确目标的能力，即"做正确的事"——追求正确的目标，涉及活动结果的作用与意义。组织活动的效果如何主要受决策正确性的影响。

（3）效益

效益是指有效产出量与资源投入量之比。效益是效率与效果的统一，强调在正确的时间、正确的地点、用正确的方式做正确的事。"向管理要效益"可以从减少资源投入和增加有效产出两方面着手。

（4）管理绩效

著名的管理学家德鲁克提出一对概念："效率"与"效果"，用以衡量管理绩效。德鲁克认为：效果实际上是组织成功的关键，我们应该在追求效果的基础上追求效率。高效率低效果、高效果低效率，绩效一样差。

管理的意义在于提高效益，一是正确决策，能够判断和选择做哪些事情是正确和必要的；二是日常运作高效率，用正确的工作方法完成任务。

2）管理的职能

管理职能包括：计划、组织、领导、控制四个基本职能。

（1）计划

计划就是为了达到某些特定的目的，而清晰地定义这些目的以及达到目的的手段。包括定义目标，制定战略以获取目标，以及制定路径和协调活动的过程。

（2）组织

组织就是为实现组织目标而做出的工作安排。包括决定应该做什么，谁去做，怎么做，以及在哪一级做出决策的过程。

（3）领导

领导是指同别人一起或者通过别人去完成组织目标。包括激励下属，影响工作中的个体或团队，选择有效的工作渠道，解决内部冲突等。

（4）控制

控制是指目标及计划设定后，在组织实施的过程中，检查和评估计划落实情况，以便发现缺点、采取措施、加以纠正，以使实际活动与计划活动保持一致。

3）管理工作的特点

（1）灵活性

灵活性表现在掌握尺度的能力上。应防止两种倾向：一是一管就死；二是一放就乱。

（2）二重性

与生产力相联系的自然属性主要涉及对资源和事物的安排、协调；与生产关系相联系的社会属性主要涉及人际关系的处理、协调。

（3）科学性和艺术性

科学性强调其内在规律和普遍适用的原理；艺术性强调适应环境的变化，创造性地运用一般原理解决实际问题。

1.1.3　管理者的类型、职责和能力结构

1）作业人员与管理人员

（1）作业人员

作业人员是指直接从事具体的工作或直接面向服务对象的人员。

（2）管理人员

管理人员是指除了完成自身的工作外，还需要安排、协调、指导、检查他人的工作，带领下属与自己一起努力并对下属的工作承担最终责任的人员。

2）管理者类型

按领域分为：综合管理者、专业管理者。按管理层次分为：高层管理者、中层管理者、基层管理者。

3）管理者职责

管理好组织：求得组织的生存与发展。

管理好管理者：协调下属管理者的工作，培养合作精神，调动积极性。

管理好员工和工作：安排好工作任务，保证组织生产经营的正常进行。

4）管理者能力结构

（1）概念技能

概念技能是指系统思考、综合分析的能力，善于在复杂的环境中把握机会、从全局出发统筹规划的能力。面对多种不确定因素，勇于创新、果断决策的能力。

（2）人际技能

人际技能是指在实现组织目标的过程中与人交往、善于合作、保持和谐关系的能力。

（3）技术技能

技术技能是指运用技术手段完成工作任务的能力，是与事实打交道、知道怎样去做的能力。

管理者在不同管理层次技能的最优组合详见表 1-1 所列。

表 1-1　管理者在不同管理层次技能的最优组合

管理层次	技术技能（%）	人际技能（%）	概念技能（%）
高层管理	17.9	42.7	39.4
中层管理	34.8	42.4	22.8
基层管理	50.3	37.7	12.0

5）管理者的角色

（1）决策制定方面

企业家：寻求机会、促进企业发展。

混乱驾驭者：处理危机与突发事件。

资源分配者：决定投资方向、资金预算、资源配置。

谈判者：作为组织代表与供应商、客户、相关社会团体协商。

（2）信息传递方面

组织内部：收集信息与事实，上传下达。

组织外部：作为专家发布有关组织的信息。

（3）人际关系方面

内部领导者：激励与培训员工。

联络者：建立和维护关系网。

1.2　园林工程施工项目

1.2.1　园林工程建设基本程序

1）计划决策阶段

计划是对拟建项目进行调查、论证、决策，确定建设地点与规模，写出项目建议书，报主管单位论证审核。项目建议书审核通过后，即进行可行性研究，为项目决策提供依据。

园林项目可行性研究的内容包括：编制依据、范围，项目背景和必要性，建设条件，建设原则，建设方案，环保、消防、安全和节能，实施进度建议，招标方案，投资估算及资金筹措，效益分析，社会稳定风险评价等。在研究的基础上，编制可行性报告，经批准后纳入正式的年度建设计划。

2）设计工作阶段

一般园林建设项目进行两阶段设计，即初步设计（方案设计）和施工图设计。技术上比较复杂而又缺乏设计经验的项目，在初步设计的基础上，增加技术设计阶段。施工图设计不得改变年度计划及初步设计已确定的建设性质、规模和概算。

3）施工实施阶段

建设单位根据年度计划，编制工程项目表，经主管单位审核后，确定施工单位（通过招投标或者指定），施工单位做好施工图预算和施工组织设计编制，并严格按照施工图、工程合同及工程质量要求做好施工准备，组织施工。

4）竣工验收阶段

工程竣工后，施工单位提出报验，由建设单位负责人或项目负责人组织设计单位负责人、施工单位负责人或项目负责人、施工单位的技术质量负责人、监理单位总监理工程师等参加验收。有质量监督要求的，应请质量监督部门参加，并形成验收文件，同时办理竣工验收手续。

5）养护管理阶段

园林工程施工单位的养护管理期限一般为一年，自竣工验收完毕次日起算。养护管理期的管理主要是针对栽植植物进行的，因为植物移栽后要经过一个完整的生长期的考验，才能判定植物的成活。养护管理期满，施工单位提出报验，验收合格才能正式办理移交手续。

1.2.2　园林工程项目招标与投标

1）园林工程招标

（1）园林工程施工项目招标应具备的条件

①招标人已经依法成立；

②建设项目已经审批通过，如是政府项目应已正式列入建设单位的年度计划，并且项目概算得到批准，并具有政府有关部门对招标项目的批文；

③施工现场征地工作和"四通一平"（供水、道路、电力、电信）已经完成；

④所有设计图纸和技术资料已落实并经批准；

⑤建设项目资金或其来源已经落实；

⑥法律、法规、规章规定的其他条件。

（2）工程招标方式

①公开招标　投资额较高的项目采用。由招标单位向外公开招标，凡符合规定条件的施工单位均可自愿报名，投标报名单位数量不受限制，招标单位不得以任何理由拒绝投标单位参与投标。

②邀请招标　投资额较低的项目可采用。由招标单位向符合本工程质量要求、具有良好信誉的施工单位发出邀请参与投标，邀请投标单位一般为 5~10 个，最少为 3 个。

（3）招标程序

一般分为：招标准备阶段、招标投标阶段、决标成交阶段。

2）园林工程投标

（1）投标资格

①企业营业执照；

②企业简介与资金情况；

③企业施工技术力量及机械设备状况；

④近三年承建的主要工程及其质量情况；

⑤现有施工任务，含在建项目和未开工项目；

⑥异地投标时还应有当地承包工程许可证。

（2）投标程序

报名参加投标—办理资格预审—取得招标文件—研究招标文件—调查投标环境—确定投标策略—制订施工方案—编制标书—投送标书。

1.2.3　园林工程施工合同管理

1）工程承包方式

①建设全过程承包　施工单位对工程全面负责，建设方仅提出工程质量和工期要求。

②阶段承包　某一阶段的承包方式，如可行性研究、勘察设计、工程施工等。

③专项承包　某一专门的项目，由于技术要求高，专业性强，如地质勘察、古建施工、假山修建、音乐喷泉、雕刻工艺等。

④费用包干　包括招标费用包干、实际建设费用包干、施工图预算包干等。

⑤委托承包　也称为协商承包，不需要经过竞标，业主与承包商协商，签订委托承包工程合同。

⑥分包　承包者不直接与建设单位发生关系，而是从总承包单位那里分包某一分项（如土方分包、劳务分包等），或者某一专业工程（如假山工程、喷泉工程等）。

2）订立施工合同的原则

①合法原则　订立合同严格执行《建设施工合同（示范文本）》，通过《中华人民共和国合同法》与《中华人民共和国建筑法》规范双方的权利与义务。

②平等自愿、协商一致原则　主体双方均依法享有自愿订立施工合同的权利。

③公平、诚信原则　合同订立中，要诚实信用，应实事求是向对方介绍自己订立合同的条件、要求和履约能力，要充分考虑对方的合法利益和实际困难。

④过错责任原则　合同中除了规定双方的权利和义务，还必须明确违约责任，必要时，要注明仲裁条款。

1.2.4　园林工程施工程序

1)施工依据

包括经审批的开工报告和施工图纸。

2)施工前准备工作

(1)技术准备

①审核施工图，体会设计意图；

②收集自然、经济资料，现场勘查；

③编制施工预算和施工组织设计，做好技术交底和预算会审工作；

④制定施工规范、安全措施、岗位职责、管理条例等。

(2)生产准备

生产准备包括劳动力、施工机械、材料(包括苗木供应计划、山石材料等)和资金等。

(3)施工现场准备

施工现场准备包括界定施工范围、工程测量(设置平面和高程控制点)、搭建临时设施等准备工作。

3)施工实施

根据施工组织设计的程序，按施工图纸和技术文件的要求，遵循园林绿化工程施工及验收等相关规范有序进行。

4)缺陷期维护

施工结束后，按养护管理计划对绿化工程种植的植物和园林附属工程进行维护，确保以最佳的观感移交建设单位。

1.2.5　园林工程项目划分

园林绿化单位工程、分部工程、分项工程划分详见表1-2所列。

表1-2　园林绿化单位(子单位)工程、分部(子分部)工程、分项工程划分

单位(子单位)工程	分部(子分部)工程		分项工程
绿化工程	栽植基础工程	栽植前土壤处理	栽植土、栽植前场地处理、栽植土回填及地形造型、栽植土施肥和表层整理
		重盐碱、重黏土地土壤改良工程	管沟、隔淋(渗水)层开槽、排盐(水)管敷设、隔淋(渗水)层

（续）

单位(子单位)工程	分部(子分部)工程		分项工程
绿化工程	栽植基础工程	设施顶面栽植基层（盘）工程	耐根穿刺防水层、排蓄水层、过滤层、栽植土、设施障碍性面层栽植基盘
		坡面绿化防护栽植基层工程	坡面整理、混凝土格构、固土网垫、格栅、土木合成材料、喷射基质
		水湿生植物栽植槽工程	水湿生植物栽植槽、栽植土
	栽植工程	常规栽植	植物材料、栽植穴（槽）、苗木运输和假植、苗木修剪、树木栽植、竹类栽植、草坪及草本地被播种、草坪及草本地被分栽、铺设草块及草卷、运动场草坪、花卉栽植
		大树移植	大树挖掘及包装、大树吊装运输、大树栽植
		水湿生植物栽植	湿生类植物、挺水植物、浮水植物栽植
		设施绿化栽植	设施顶面栽植工程、设施顶面垂直绿化
		坡面绿化栽植	喷播、铺植、分栽
	养护	施工期养护	支撑、浇灌水、裹干、中耕、除草、浇水、施肥、除虫、修剪抹芽等
园林附属工程	园路与广场铺装工程		基层，面层（碎拼花岗岩、卵石、嵌草、混凝土板块、侧石、冰梅、花街铺地、大方砖、压膜、透水砖、小青砖、自然石块、水洗石、透水混凝土面层）
	假山、叠石、置石工程		地基基础、山石拉底、主体、收顶、置石
	园林理水工程		管道安装、潜水泵安装、水景喷头安装
	园林设施安装		座椅(凳)、标牌、果皮箱、栏杆、喷灌喷头等安装

1.3　园林工程施工管理

1.3.1　园林工程施工管理的概念

1）项目管理的概念

项目管理是管理学的一个分支学科，对项目管理的定义是：运用各种相关技能、方法与工具，为满足或超越项目有关各方对项目的要求与期望，所开展的各种计划、组织、领导、控制等方面的活动。

项目管理分为三大类：信息项目管理、工程项目管理、投资项目管理。

2）园林工程施工管理

园林工程施工管理是项目管理的一种类型，其管理的对象是园林工程施工项目。是指从取得园林工程施工项目后至项目移交使用的全过程中(包括施工准备、技术设计、施工方案的确定、施工组织设计、施工现场管理、工程竣工验收、养护管理及交付使用等），以园林艺术和园林工程为基础，运用现代管理的手段，营造一个建设、设计、施工以及社会各方均满意的供人游览和休憩的优美环境，所开展的各种计划、组织、领导和控制等方面的活动。

1.3.2 园林工程施工管理的任务

园林施工管理的任务是根据园林工程建设项目的要求，依照已审批的设计图纸，制订施工组织方案，对现场进行全面合理的组织，使劳动力、材料、机械设备得到合理的安排和使用，保证园林工程建设项目按预定目标优质、快速、安全、低耗完成。

1.3.3 园林工程施工管理的内容

施工项目管理的主要内容包括对施工进度、质量、安全、成本、合同、信息的管理以及与施工相关的组织与协调等。具体分析如下：

项目管理的目的：通过进度、质量、安全、成本等诸方面的控制和管理，来实现预期的工期、质量、安全、成本等目标。

项目管理的管理对象：主要是对劳动力资源、技术、资金、材料、设备等施工资源进行合理的管理，实现生产诸要素的优化配置与动态控制。

项目管理的管理手段：主要包括项目管理实施规划，合同管理，信息管理，施工项目现场管理，组织协调，竣工验收，质量保修，定期回访等。

园林工程施工管理是一项综合性的管理活动，其主要内容包括：

1）施工现场与环境管理

施工现场与环境管理就是通过科学的组织和计划，使施工现场形成和保持良好的生产环境、生活环境和施工秩序，确保施工现场不造成环境污染，从而能够安全、高效、保质保量地进行工程施工。

2）资源管理

资源管理就是对园林施工所需的资源，即劳动力、材料、机械设备、资金和技术，通过计划、组织、协调和控制的手段，使它们之间合理搭配，既满足施工需要，又达到优化使用和节约的目的所进行的全部活动。

3）进度管理

进度管理就是施工单位根据合同规定的工期要求，制定本项目的工期目标，编制进度计划，作为进度控制的目标，并经常进行检查实际进度、对比计划进度、分析偏差，采取纠正或预防措施，调整进度计划，确保工期目标的实现等所进行的一系列活动。

4）质量管理

质量管理就是施工单位根据合同规定的质量要求，制定该项目的质量目标，按照质量管理体系的要求和组织策划，结合工程实施的进度和工序进行的一系列有关质量的把控，确保质量目标实现的全部活动。

5）成本管理

成本管理是指在保证满足质量、工期等合同要求的前提下，对项目实施过程所发生的费用，通过计划、组织、控制和协调等活动使其达到预定的成本目标，并尽可能地降低成本费用的一系列管理活动。

6）职业健康与安全管理

职业健康与安全管理就是拟定职业健康与安全管理目标，找出本工程的危险源，制订应急预案并加以组织演练，落实安全生产的具体措施，监督施工过程的各个环节。如发现问题，及时采取措施或启动应急预案，避免或减少损失，实现项目的职业健康与安全管理目标的全部活动。

园林工程施工管理还包括竣工验收和养护期管理、施工资料管理等内容。

1.3.4 园林工程施工管理的方法

按管理方法专业性质不同，可分为：行政管理方法、经济管理方法、法律管理方法和技术管理方法。

1）行政管理方法

行政管理方法是指上级单位或上级领导，利用其行政上的地位和权力，通过发布指令，进行组织、协调、监督、检查、考核、激励等手段进行管理的方法。

2）经济管理方法

经济管理方法是指利用经济类手段进行的管理方法。如经济承包责任制，编制项目资金收支计划，制定经济分配制度等激励办法，以调动积极性。

3）法律管理方法

法律管理方法主要是指通过贯彻有关建设法规、制度、标准等加强管理的方法。如签订合同，明确双方权力、义务，以及承担的责任等。

4）技术管理方法

技术管理方法就是运用技术手段进行的管理方法。如网络计划法、数理统计法、信息管理法等。

【实践教学】

实训 1-1 参观访问园林施工企业

一、实训目的

使学生了解该企业的组织类型、组织结构及管理模式，通过与企业员工对话，深化对企业的认知。

二、材料及用具

照相机、记录本、笔等。

三、方法及步骤

1. 提前与将要访问企业进行沟通，确定访问时间及访问内容。

2. 组织学生前往访问，要求学生做好访问记录。

3. 告知学生访问范围，不得干扰企业正常工作秩序，不得在访问中问及非规定内容。

四、考核评估

学生访问任务表

参观/访问对象	需要观察了解的内容	学生收获与自我认识
办公场所	企业管理规章制度	
企业工程部员工	员工对施工管理的认识	
人力资源管理人员	企业对员工的考核内容及招聘员工的要求	
企业负责人	企业对员工的要求	
员工工作情况	工作情况与学生学习情况的对比	

五、作业

要求每人写一份不少于500字的《园林施工企业参观访问报告》。

【单元小结】

本单元主要概述了管理及管理者的基本概念，园林施工项目的建设程序及施工程序，施工管理的任务、内容和方法，其具体内容详见下表。

单元1 园林工程 施工管理 概述	1.1 管理及管理者	1.1.1 管理与组织	(1)管理的概念； (2)组织
		1.1.2 管理绩效及管理工作的特点	(1)管理的意义； (2)管理的职能； (3)管理工作的特点
		1.1.3 管理者的类型、职能和能力结构	(1)作业人员与管理人员； (2)管理者类型； (3)管理者职责； (4)管理者能力结构； (5)管理者的角色
	1.2 园林工程施工项目	1.2.1 园林工程建设基本程序	(1)计划决策阶段； (2)设计工作阶段； (3)施工实施阶段； (4)竣工验收阶段； (5)养护管理阶段
		1.2.2 园林工程项目招标与投标	(1)园林工程招标； (2)园林工程投标
		1.2.3 园林工程施工合同管理	(1)工程承包方式； (2)订立施工合同的原则
		1.2.4 园林工程施工程序	(1)施工依据； (2)施工前准备工作； (3)施工实施； (4)缺陷期维护
		1.2.5 园林工程项目划分	(1)绿化工程； (2)园林附属工程

（续）

单元1 园林工程 施工管理 概述	1.3 园林工程施工管理	1.3.1 园林工程施工管理的概念	(1)项目管理的概念； (2)园林工程施工管理
		1.3.2 园林工程施工管理的任务	
		1.3.3 园林工程施工管理的内容	(1)施工现场与环境管理； (2)资源管理； (3)进度管理； (4)质量管理； (5)成本管理； (6)职业健康与安全管理
		1.3.4 园林工程施工管理的方法	(1)行政管理方法； (2)经济管理方法； (3)法律管理方法； (4)技术管理方法

【自主学习资源库】

1. 管理学(第7版). 斯蒂芬·P·罗宾斯, 玛丽·库尔特. 孙健敏, 黄卫伟等译. 中国人民大学出版社, 2006.

2. 园林工程项目管理(第三版). 李永红等. 高等教育出版社, 2015.

3. 园林绿化工程施工及验收规范(CJJ 82—2012). 中华人民共和国住房城乡建设部, 2012.

【自测题】

1. 依据组织目的的不同, 举例说明组织分为哪些类型?

2. 如何理解效率、效果、效益三者之间的关系?

3. 管理者类型、职责和能力结构有哪些? 管理者该如何提高能力?

4. 园林工程建设基本程序有哪些? 园林工程施工程序有哪些?

5. 园林工程施工管理的主要内容有哪些?

单元 2

园林工程项目经理部的组成及其职责

【知识目标】

(1)了解项目经理部的组成方式和组织机构，明确项目部的职责和权限。

(2)了解项目经理部各成员的职责和项目部的各项管理制度，进一步熟悉项目机构的明确分工，各司其职，从而实现项目管理的各项保障。

【技能目标】

(1)能够分析和理解项目经理部的组成方式和组织机构。

(2)能够熟悉项目经理部各成员的职责和项目部的各项管理制度，明确管理的流程和组织关系，能够增强自身的管理意识和管理观念。

【素质目标】

(1)培养自主学习能力、责任担当。

(2)增强团队合作精神、内外沟通和协调能力。

2.1　项目经理部的组成

2.1.1　项目经理部的组建

1）项目经理部性质

项目经理部是一次性的施工生产临时组织机构，项目是一次性的成本管理中心，项目经理是一次性的授权管理者。项目经理部是公司组织设置的项目管理机构，承担项目实施的管理任务和目标实现的全面责任，根据承包合同和业主的要求，在工程开工前由公司设立，并任命项目班子成员，在项目竣工验收、审计完成后解体或进入到另一项目当中。

2）组建原则

组织机构层次精简、人员配备精干高效、管理对象直接到位，项目部的人员配置应满足现场计划与调度、技术与质量、成本与核算、劳务与物资、安全与文明施工的需要。具体原则如下：

①目标性原则　以完成项目各项经济技术指标为终极任务；

②精干高效原则　推行一人多岗，培养综合型能力人才；

③业务系统化管理原则　严格执行规范、标准，拟定相应考核办法；

④弹性和流动性原则　主要人员稳定，其他人员弹性、机动管理；

⑤一次性原则　其组建、撤销、解体均由公司确定。

3）项目部主要职责和权限

项目部是由项目经理在公司授权和职能部门的支持下按照公司的相关规定组建的、进行项目管理的一次性组织机构。公司总部是项目管理的决策中心，项目部是项目管理的执行中心。经公司授权，项目部应具有以下职责和权限：

①贯彻执行国家、地方以及行业有关法律、法规、标准和规范；

②执行企业项目管理制度和规定；

③有效管理项目团队，组织各种资源，实现项目目标；

④完成项目管理目标责任书规定的各项工作；

⑤及时报告项目管理情况，接受企业管理层的监督和考核。

项目经理部的部门设置和人员配备要围绕代表企业形象、实现各项目标、全面履行合同的宗旨来进行。也可按控制目标进行设置，包括进度控制、质量控制、成本控制、安全控制、合同管理、信息管理和组织协调等部门。

2.1.2　项目经理部组织机构

组织机构样图如图 2-1、图 2-2 所示。

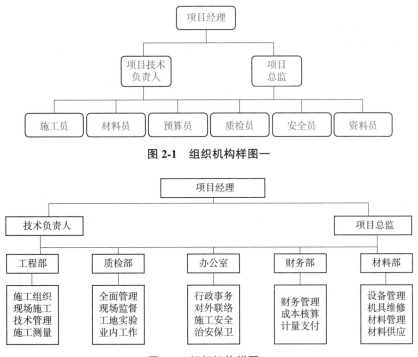

图 2-1 组织机构样图一

图 2-2 组织机构样图二

2.2 项目经理部职责及管理制度

2.2.1 项目经理部各成员的职责

1）项目经理的岗位职责

项目经理在公司的领导下，受总经理委托，代表公司履行对外工程承包合同，对本工程项目的实施负全面责任，确保公司质量、环境、职业健康与安全等综合管理方针、目标的实现。

①贯彻执行国家和工程所在地的有关法律、法规、政策及企业的有关规定，认真贯彻执行国家有关劳动保护法令和制度，以及本公司的安全生产的规章制度；

②认真贯彻落实质量、环境、职业健康与安全的方针，确保综合管理体系健康有效运行，确保项目质量、环境、职业健康与安全等综合管理目标和指标的实现；

③严格安全管理，认真组织落实施工组织设计（或施工方案）中的施工安全技术措施，建立统一规格的施工图表，现场有安全标志、色标、警示牌，做到文明施工；

④领导所属班组定期召开安全工作例会，认真开展每周一次安全日活动，对照建筑施工安全检查表，经常检查生产现场的安全管理，认真查好事故隐患，制定科学的安全技术措施，确保施工过程的安全生产；

⑤督促指导班组学习安全操作规程，并检查执行情况，对新工人必须进行安全教育，特别劳动用工的管理和教育，教育工人遵章守纪和正确使用安全防范设施和防护用品，负

责检查特殊作业人员是否持证上岗；

⑥发生重大伤亡事故、重大质量事故，要保护现场，立即报告，参加事故调查处理，填表上报，落实整改措施，不得隐瞒不报、虚报或有意拖延报告，更不能擅自处理；

⑦工地建立安全岗位责任制和防火措施，督促有关人员做好施工质量、安全、各项技术内业资料；

⑧加强项目成本、安全、工期、材料、设备、标化现场等管理，提高项目整体效益；

⑨协助工程部督促检查对工程项目的回访和相关服务工作。

2）项目技术负责人的岗位职责

在有些项目部中，项目技术负责人又称为项目总工，若项目不设项目总监，那么项目总工同时担任技术和监督工作。项目技术负责人接受项目经理的领导和安排，配合项目经理完成各项事务，主管工程施工质量，指导并监督工地施工的工作。

①在项目经理的领导下，对工程质量、环境、职业健康与安全等综合管理体系文件、工程技术文件的管理、本项目持续有效运行负责；

②负责本项目技术管理和质量管理工作，确保技术规程、施工规范在本项目落实；

③熟悉本项目施工组织设计，组织有关人员熟悉和会审设计图纸，并按要求进行技术交底，参与技术措施的制定，解决施工中的技术难题；

④负责审批工程项目的"紧急放行"和"例外放行"报告；

⑤抓好质量过程控制，随时组织质量检查，参与工程质量的评定、核定工作以及不合格品的调查、评审工作；

⑥负责分部（分项）工程的检验评定工作及工程的中间验收和初验，组织质量记录的收集整理工作；

⑦参与质量事故的调查、分析、处理工作；

⑧组织应用新技术、新设备、新规范的学习；

⑨负责本项目检测及试验设备的校验、标识和更新；

⑩编制安全生产的技术措施并指导实施。

3）项目总监的岗位职责

主管工程施工质量，指导并监督工地现场施工的工作。

①全面负责本工程项目的技术监督；

②对本工程项目的施工质量、环境、职业健康与安全、成本和进度进行有效控制；

③对进场材料的质量及用量进行监查和控制；

④针对特殊分项、分部工程的质量及技术制定相应的施工方案、技术方案及验评规范。

4）施工员的岗位职责

①在项目技术负责人组织管理下，负责对施工全过程中的各分部、分项工程的组织实施，以及各工序的操作质量、原材料质量负直接管理责任；

②参加图纸会审工作，参与编制施工组织设计方案，并负责执行；

③负责贯彻各项专业技术标准，严格执行施工验收规范和质量、环境、职业健康与安

全等管理体系的有关规定；

④进行分部、分项工程技术交底，组织技术复核工作；

⑤组织各班组进行工序交接及各分部、分项工程隐蔽验收，做好验收情况记录，逐日填写施工日记；

⑥会同专职质量检查员监督检查原材料的质量情况；

⑦负责收集和提供项目工程的各项技术资料及原始记录，绘制竣工图。

5）材料员的岗位职责

①编制物资采购申请计划；

②负责项目分管物资的采购工作；

③负责进场物资的验收、搬运、贮存、标识、保管保养、发放工作；

④负责贮存物资检验和试验状态的标识工作；

⑤负责物资验证的各种质量证明文件的收集、分类整理和移交；

⑥做好部门间协作，做好材料和工具的使用管理工作；

⑦及时准确地向有关部门提报物资报表。

6）预算员的岗位职责

①能够熟悉掌握国家的法律法规及有关工程造价的管理规定，精通本专业理论知识，熟悉工程图纸，掌握园林工程预算定额及有关政策规定，为正确编制和审核预算奠定基础；

②负责审查施工图纸，参加图纸会审和技术交底，依据其记录进行预算调整；

③协助领导做好工程项目的立项申报、组织招投标，以及开工前的报批及竣工后的验收工作；

④工程竣工验收后，及时进行竣工工程的结算工作；

⑤参与采购工程材料和设备，负责工程材料分析，复核材料价差，收集和掌握技术变更、材料代换记录，并随时做好造价测算，为领导决策提供科学依据；

⑥全面掌握施工合同条款，深入现场了解施工情况，为结算复核工作打好基础；

⑦工程结算后，要将工程结算单报送审计部门，以便进行审计；

⑧完成工程造价的经济分析，及时完成工程结算资料的归档。

7）质检员的岗位职责

①贯彻执行质量检验评定标准和操作规范，实施项目施工全过程质量检查、督促工作；

②做好工序和分部（分项）工程的质量评定等级核定，做好质量记录，参加特种物质、半成品、成品的质量验证，把好特殊过程关键部位的检查和控制；

③对不合格品负责跟踪检查、监督和向上报告；

④参加隐蔽工程验收、工程初验和竣工交付验收；

⑤负责项目部技术复核工作。

8）安全员的岗位职责

①认真学习并贯彻执行国家和政府部门制定的劳动保护、安全生产、环境保护等政策法令和规章制度，对项目工程的安全生产、环境保护负检查监督责任；

②检查监督本项目的职业健康与安全、环境保护的生产和管理，对本项目所识别的危害因素进行全过程检查监督控制；

③在检查中及时指出事故隐患并负责监督整改，对严重违章违纪冒险作业者，有权停止其工作，并报告项目总监或项目经理；

④监督检查施工组织设计中有关职业健康与安全及环境保护的执行情况；

⑤执行安全生产奖惩制度；

⑥按要求及时整理安全管理台账，负责检查各单位工程安全生产交底工作和班组班前交底记录；

⑦协助做好工伤事故的调查、分析、处理工作。

9）资料员的岗位职责

①协助项目经理按照公司质量体系文件的要求建立并保管一套完整的、有效版本的项目文件；

②有效地完成工程各项工作资料的建立、保存等工作；

③对工程的每一步工序都要拍照留底，并认真做好工序报验工作；

④负责对改版文件按照分发清单进行换版与清除工作；

⑤负责对外信函、传真、文件的拟稿、打字、印刷、发送，对内文件的通知、传递和催办，并负责上述文件的保管、立卷和归档；

⑥按照项目经理的安排，负责与设计单位、代建单位、监理单位、建设单位等有关单位进行联络，发送通知或传递文件。

10）财务负责人员的岗位职责

①登记所发生的现金日记账或电子日记账；

②定期清理材料及设备的库存及在用情况；

③核查材料及设备相应的台账及实物；

④了解有关材料及设备的价格，以便对材料采购价格进行审核。

11）设备管理员的岗位职责

①检查、管理好现场施工所需的各类机械、设备；

②定期检查、检修、保养机械设备，保证设备的安全、正常运转；

③机械设备在运转时发生故障，应及时组织修理，恢复机械设备的正常运转；

④监督执行机械设备安全操作规范，对违规操作的行为及时纠正。

2.2.2 项目经理部的管理制度

1）劳动纪律及考勤制度

①所有员工必须遵守项目部规定的作息时间，按时上下班，不得迟到、早退；

②由项目部经理或项目总工根据工作需要安排加班和自己根据所在岗位当天任务情况自行决定加班，在加班时间必须坚守岗位，出色完成加班任务；

③按照规定每人每月可休息 8 天，分 4 次休息，不一定在双休日休息，根据工作需要安排轮流休息。休息时自己手头急需处理的工作必须完成，其他工作可由别人代管，并经

主管组长同意，同时报项目经理批准；

④外出办公事必须向主管组长报告，办理私事必须请假；

⑤请事假、病假等必须填写请假申请单，批准权限为项目经理一天，工程项目分管领导二天，三天以上报公司总经理批准；

⑥由项目经理负责对项目部所有员工进行考勤，考勤表每月一份，月底项目经理及公司工程分管领导签字后报公司行政主管部门；

⑦劳动纪律及考勤制度请所有员工认真遵守，作为月绩效和年终考核的依据之一。

2）办公室管理制度

①办公区域要做到整洁，桌椅摆放整齐，资料、图纸、文件、安全帽等存放有序；

②办公区域安排轮流卫生值日制度，保持良好的环境卫生；

③办公期间严禁大声喧哗、吵闹，工作人员之间的互相沟通宜轻声细语，以免影响他人工作；

④严禁闲杂人员进入办公区域聊天、谈论与工作无关的事情；

⑤办公期间要注意节约用水、用电、用纸，废纸要回收利用；

⑥下班后要关闭门窗、电脑设备，并切断一切电器设备的电源；

⑦办公室管理制度的执行情况由行政人员负责监督检查。

3）项目部例会制度

①项目部每周至少召开一次例会，时间一般安排在监理例会后的第二天；

②例会的内容为：通报施工或监理例会的情况、本周进度计划的完成情况，同时安排下周的施工进度计划，对本周质量、安全、文明施工、成本控制等方面存在的问题，落实整改时间、责任人及整改措施，解决小组之间需要互相配合的问题；

③项目部在每天下班后，都应召开一天的工作总结小会，主要是汇报当天的工作情况，安排第二天的工作计划；

④例会与小会均由项目经理或项目总工程师主持，项目部全体员工参加，项目部资料员负责记录；

⑤例会必须形成会议纪要，并下发项目各小组，同时报送工程项目分管领导。

4）项目部安全管理制度（图2-3）

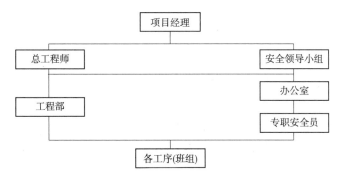

图 2-3 项目部安全管理制度

(1)安全生产保证措施

①坚决贯彻执行国家劳动部门有关安全生产的法规、条例和规定及公司安全生产文件进行施工，根据安全文明生产责任制各司其责，专职安全员在施工进程中认真做好安全交底，并跟踪检查，实现安全文明生产目标，实现休工率、负伤率为零，实现安全文明样板工程；

②建立各项安全生产管理制度，并结合园林施工项目的特点，明确各级各类人员安全生产责任制，要求全体人员必须遵守；

③每项工程均设立施工安全领导责任人，负责施工现场的工作，对施工安全进行监督检查，并对安全事故负领导责任；

④安全责任人应经常对施工人员进行安全教育，做好岗位培训，指导作业人员遵守机械安全操作规程，定期检查机械安全性能或安全装置，检查特种作业人员持证上岗的落实情况，要使全体人员经常保持高度的安全生产意识，牢固树立"安全第一"思想；

⑤安全责任人应加强对施工现场及工地宿舍的环境卫生、饮食卫生、治安防火等方面的管理，防止各种意外发生；

⑥考虑到施工地点在人口密集的地方，故在行人稠密或已通行的道路施工时，应设置施工安全标志，绿化苗木应尽量放在绿化带附近、减少占用道路，以免影响行车安全和损坏苗木，并教育施工人员注意道路交通安全。

(2)安全文明生产保证措施

①预防为主，不伤害他人，不被他人伤害，与友邻施工单位协调好安全工作。

②严格执行建筑机械使用安全技术操作规程。一律由专业人员操作，非专业人员一律不能操作建筑机械。

③特殊工种一律凭操作证上岗，严禁无证上岗。进入施工现场必须配戴安全帽，严禁穿拖鞋进入施工现场。

④严格执行施工现场临时用电安全技术规范，并安排水电工随时检查是否出现漏电现象。

⑤施工现场一律设置、悬挂安全网，安排专人负责，如发现不安全因素，及时进行整改。

⑥现场应设置明显的安全、警告标志。坡面施工时，应由上至下平行施工，禁止上下同时作业。

⑦人字架及支撑渗沟施工时，由于坡面较长且坡陡，在施工时，应自上而下平行施工，做好施工过程中的安全防范措施。

⑧进入施工现场的材料应按指定位置堆放整齐、有序，施工场地应保持整洁。

⑨施工作业完成后，应及时清理现场，做到工完料净场地清。

⑩每周进行一次安全大检查，并认真贯彻落实安全措施，且落实到单位和个人。

【实践教学】

实训 2-1　参观访问园林项目部

一、实训目的

使学生了解该园林企业项目部的组织类型、组织机构及管理模式，通过与企业员工访谈交流，加深学生对园林企业项目部的认知，对今后学生的组织管理能力会有一定的影响。

二、材料及用具

照相机(手机)、记录本、笔等。

三、方法及步骤

1. 提前与将要访问园林企业项目部进行沟通，确定访问时间及访问内容。

2. 组织学生前往访问，要求学生做好访问记录。

3. 告知学生访问范围，不得干扰企业正常工作秩序，不得在访问中问及非规定内容。

四、考核评估

学生访谈任务表

参观/访问对象	需要观察了解的内容	学生收获与自我认识
办公场所	园林企业项目部规章管理制度	
项目部员工	员工对项目部管理的认识	
项目部管理人员	项目部对员工的考核内容及工作开展情况	
项目部经理	项目部介绍及对员工的要求	
员工工作情况	工作情况与学生学习情况的对比	

五、作业

要求每人写一份不少于 500 字的《园林企业项目部参观访谈报告》。

【单元小结】

本单元主要概述了项目经理部的组成方式和组织机构，明确项目部的职责和权限、项目经理部各成员的职责和项目部的各项管理制度，进一步熟悉项目机构的分工，各司其职，从而实现项目管理的各项保障。其具体内容如下表所列。

单元 2 园林工程项目经理部的组成及其职责	2.1 项目经理部的组成	2.1.1 项目经理部的组建	(1)项目经理部性质； (2)组建原则； (3)项目部主要职责和权限
		2.1.2 项目经理部组织机构	(1)组织机构样图一； (2)组织机构样图二

（续）

单元2 园林工程项目经理部的组成及其职责	2.2 项目经理部职责及管理制度	2.2.1 项目经理部各成员的职责	(1)项目经理的岗位职责； (2)项目技术负责人的岗位职责； (3)项目总监的岗位职责； (4)施工员的岗位职责； (5)材料员的岗位职责； (6)预算员的岗位职责； (7)质检员的岗位职责； (8)安全员的岗位职责； (9)资料员的岗位职责； (10)财务负责人员的岗位职责； (11)设备管理员的岗位职责
		2.2.2 项目经理部的管理制度	(1)劳动纪律及考勤制度； (2)办公室管理制度； (3)项目部例会制度； (4)项目部安全管理制度

【自主学习资源库】

1. 园林工程施工与管理．李本鑫，周金梅．化学工业出版社，2012.

2. 园林工程施工组织与管理．吴立威．机械工业出版社，2015.

3. 工程施工组织与管理．陈建国．精品课程网：http://course.jingpinke.com/details? uuid=8a833996-18ac928d-0118-ac928e1f-0086.

4. 施工组织与管理．侯根然．精品课程网：http://course.jingpinke.com/details? uuid=fab823c4-123e-1000-b7ea-144ee02f1e73.

5. 工程项目管理．王芳．精品课程网：http://course.jingpinke.com/details? uuid=a8ade331-12aa-1000-9c20-bd3919efaddd.

【自测题】

1. 项目经理部组建的原则是什么？

2. 什么是项目经理？项目经理应具备哪些基本条件？

3. 什么是项目经理部？项目经理部应制定哪些管理制度？

单元 3

园林工程施工组织设计

【知识目标】

(1)了解园林工程施工组织设计的概念。

(2)理解园林工程施工组织设计的要求。

(3)掌握园林工程施工组织设计的编制方法。

【技能目标】

(1)能够绘制园林工程施工进度图(横道图)。

(2)能够编制园林单位工程施工组织设计。

【素质目标】

(1)培养时间(进度)观念、质量意识、安全意识、成本概念。

(2)培养科学精神、工匠精神和创新意识。

3.1 施工组织设计的概念和内容

3.1.1 施工组织设计的概念

园林工程施工组织设计是以园林工程(整个工程或者若干单位工程)为对象编写的用来指导工程施工的技术性文件。其核心内容是如何科学合理地安排劳动力、材料、设备、资金和施工技术等施工资源。从园林工程的特点与需求出发，以先进、科学的施工方法与合理的组织手段使人力和物力、时间和空间、技术与经济、计划和组织等多方面因素合理优化配置，从而保证施工任务按照质量要求如期完成。

施工组织设计是对拟建工程施工的全过程实行科学管理的重要手段。通过施工组织设计的编制，可以全面考虑拟建工程的各种具体施工条件，扬长避短地拟订合理的施工方案，确定施工顺序、施工方法、劳动组织和技术经济的组织措施，合理地统筹安排拟订施工进度计划，保证拟建工程按期投产或交付使用；也为拟建工程的设计方案在经济上的合理性，在技术上的科学性，以及在实施工程上的可能性进行论证提供依据；还可为建设单位编制基本建设计划和施工企业编制施工计划提供依据。施工企业可以提前掌握劳动力、材料和机具使用上的先后顺序，全面安排资源的供应与消耗；可以合理地确定临时设施的数量、规模和用途，以及临时设施、材料和机具在施工场地上的布置方案。

通过施工组织设计的编制，可以预计施工过程中可能发生的各种情况，事先做好准备、预防，为施工企业实施施工准备工作计划提供依据；可以把拟建工程的设计与施工、技术与经济、前方与后方和施工企业的全部施工安排与具体工程的施工组织工作更紧密地结合起来；可以把直接参加的施工单位与协作单位、部门与部门、阶段与阶段、过程与过程之间的关系更好地协调起来。根据实践经验，对于一个拟建工程来说，如果施工组织设计编制得合理，能正确反映客观实际，符合建设单位和设计单位的要求，并且在施工过程中认真地贯彻执行，就可以保证拟建工程施工的顺利进行，取得好、快、省和安全的效果，早日发挥基本建设投资的经济效益和社会效益。

3.1.2 施工组织设计的作用与分类

园林工程施工组织设计是应用于园林工程施工中的重要科学管理手段，是长期工程建设实践经验的总结，是组织现场施工的基本文件和法定性文件。编制科学合理、符合实际、可操作的园林工程施工组织设计，在指导现场施工、确保施工进度和工程质量、降低成本等方面都具有重要意义。

1)施工组织设计的作用

①是施工准备工作的一项重要内容，同时又是指导各项园林施工准备工作的依据；

②体现基本建设计划和设计的要求，可以进一步验证设计方案的合理性与可行性；

③是指导开展有序、有效的施工活动的技术依据；

④其所提出的各项资源需要计划直接为物资供应工作提供数据支持；

⑤对施工现场所作的规划与布置，为现场的文明施工创造条件，并为现场平面管理提供依据；

⑥对施工企业的施工计划起决定性和控制性的作用；

⑦是统筹安排施工企业生产的投入与产出过程的关键和依据。

通过编制施工组织设计，可以充分考虑施工中可能遇到的困难与障碍，主动调整施工中的薄弱环节，事先予以解决排除，从而提高施工的预见性，减少盲目性，使管理者和生产者做到胸中有数，为实现建设目标提供技术保证。

2）施工组织设计的分类

施工组织设计分为投标前的施工组织设计（简称"标前设计"）和投标后的施工组织设计（简称"标后设计"）。前者应起到"项目管理规划大纲"的作用，满足编制投标书和签订施工合同的需要；后者应起到"项目管理实施规划"的作用，满足施工项目准备和施工的需要。

标后设计又可根据设计阶段和编制对象的不同划分为施工组织总设计、单位工程施工组织设计和分部（分项）工程施工作业设计。

园林工程施工组织设计按照施工阶段、编制对象范围、使用时间与编制内容等方面的不同，可分为以下几种：

（1）按照施工阶段分类

①施工组织设计按照两个阶段进行　施工组织设计分为施工组织总设计和单位工程施工组织设计。

②施工组织设计按研修阶段进行　施工组织设计分为施工组织设计大纲（初步施工组织条件设计）、施工组织总设计和单位工程施工组织设计。

（2）按编制对象分类

施工组织设计按编制对象范围的不同，可以分为施工组织总设计、单位工程施工组织设计、分部（分项）工程施工作业设计。

①施工组织总设计　是以一个园林建设项目为编制对象，用以指导整个建设项目施工全过程的各项施工活动的技术、经济和组织的综合性文件。施工组织总设计一般在初步设计或扩大初步设计被批准之后，在总承包企业的总工程师领导下进行编制。

②单位工程施工组织设计　以一个单位工程为编制对象，用以指导其施工全过程的各项施工活动的技术、经济和组织的综合性文件。单位工程施工组织设计一般在施工图设计完成后，在拟建工程开工之前，在工程项目部的技术负责人领导下进行编制。

③分部（分项）工程施工作业设计　以分部（分项）工程为编制对象，用以具体实施其施工全过程的各项施工活动的技术、经济和组织的综合性文件。分部（分项）工程施工组织设计一般在同单位工程施工组织设计的编制同时进行，并由单位工程的技术人员负责编制。

（3）按编制内容的繁简程度分类

①完整的施工组织设计　对于工程规模大、结构复杂、技术要求高、采用新技术、新材料和新工艺的拟建工程项目，必须编制内容详尽的完整施工组织设计。

②简单的施工组织设计 对于工程规模小、结构简单、技术要求和工艺方法不复杂的拟建工程项目，可以编制仅包括施工方案、施工进度计划和施工总平面布置图等内容粗略的简单施工组织设计。

此外，施工组织设计按使用时间的长短不同可以分为长期施工组织设计、年度施工组织设计和季度施工组织设计。

3.1.3 施工组织设计的内容

园林施工组织设计的内容一般是由工程项目的范围、性质、特点及施工条件、景观艺术、建筑艺术的需要来确定的。由于在编制过程中有深度上的不同，反映在内容上无疑也有所差别。但不论哪种类型的施工组织设计都应包括工程概况、施工方案、施工进度计划和施工现场平面布置图等，简称"一案一表一图"。

1）工程概况

工程概况是对拟建工程的基本性描述，目的是通过对工程的简要说明了解工程的基本情况，明确任务量、难易程度、质量要求等，以便合理制定施工方法、施工措施、施工进度计划和施工现场平面布置图。

工程概况的内容包括：

①说明工程的性质、规模、服务对象、建设地点、建设工期、承包方式、投资额度及投资方式；

②施工和设计单位名称、上级要求、图纸状况、施工现场的工程地质、土壤、水文、地貌、气象等因素；

③园林建筑的数量及结构特征；

④特殊施工措施、施工力量和施工条件；

⑤材料的来源与供应情况、"四通一平"条件、运输能力与运输条件；

⑥机具设备供应、临时设施解决方法、劳动力组织及技术协作水平等。

2）施工方案

施工方案由施工方法和施工措施组成，施工方案优选是施工组织设计的重要环节之一。因此，根据各项工程的施工条件，提出合理的施工方法，拟定保证工程质量和施工安全的技术措施，对选择先进合理的施工方案具有重要作用。

（1）拟定施工方法的原则

在拟定施工方法时，应坚持以下基本原则：

①内容要重点突出，简明扼要，做到施工方法在技术上先进，在经济上合理，在生产上实用有效；

②要特别注意结合施工单位的现有技术力量、施工习惯、劳动组织特点等；

③还必须依据园林工程工作面大的特点，制定出灵活易操作的施工方法，充分发挥机械作业的多样性和先进性；

④对关键工程的重要工序或分项工程（如基础工程），技术复杂、结构特殊的工程（如园林古建）及专业性强的工程（如自控喷泉安装）等均应制定详细、具体的施工方法。

（2）施工措施的拟定

在确定施工方法时，不但要拟定分项工程的操作过程、方法和施工注意事项，而且还要提出质量要求和应采取的技术措施。这些技术措施主要包括：施工技术规范、操作规程的施工注意事项、质量控制指标及相关检查标准；季节性施工措施；降低施工成本的措施；施工安全措施及消防措施等。同时应预料可能出现的问题及应采取的防范措施。

如卵石路面铺地工程，应当说明土方工程的施工方法，路基夯实方式及要求，卵石镶嵌方法（干栽法或湿栽法）及操作要求，卵石表现的清洗方法和要求等。再如，在驳岸施工中则要制定出土方开槽、砌筑、排水孔、变形缝等施工方法和技术措施。

（3）施工方案技术经济分析

由于园林工程的复杂性和多样性，某分部（分项）工程或某一施工工序可能有多种施工方法，产生多种施工方案。为了选择一个合理的施工方案，确保施工质量，降低成本和提高施工经济效益，在选择施工方案时，进行施工方案的技术经济分析是十分必要的。

施工方案的技术经济分析方法有定性分析和定量分析两种。定性分析是结合经验进行一般的优缺点比较，如是否符合工期要求；是否满足成本低、经济效益高的要求；是否切合实际，操作性是否强；是否达到一定的先进技术水平；材料、设备是否满足要求；是否有利于保证工作质量和施工安全等。定量分析是通过计算出劳动力、材料消耗、工期长短及成本费用等诸多经济指标再进行比较，从而得出好的施工方案。在比较分析时应坚持实事求是的原则，力求数据确凿，才具有说服力，不得在变相润色后再进行比较。

3）施工进度计划

园林工程施工计划涉及的项目较多，内容庞杂，要使施工过程有序，保质保量完成任务，必须制订科学合理的施工计划。施工计划中的关键是施工进度计划，它是以施工方案为基础编制的。施工进度应以最低的施工成本为前提合理安排施工顺序和工程进度，并保证在预定工期内完成施工任务。它的主要作用是全面控制进度，为编制基层作业计划及各种材料的供应计划提供依据。施工进度计划应依据总工期、施工预算、预算定额（如劳动定额、单位估价）以及各分项工程的具体施工方案、施工单位现有技术装备等进行编制。

（1）施工进度计划编制的步骤

①工程项目分类及计算工程量；

②计算劳动力数量和机械台班数量；

③确定工期；

④解决工程间的相互搭接问题；

⑤编制施工进度；

⑥按施工进度提出劳动力、材料及机械的需要计划。

根据上述编制步骤，将计算出的各因子填入施工进度计划表，即成为最常见的施工进度计划，这种格式也称横道图（或条形图）。它由两部分组成，左边是工程量、人工、机械的计算数量；右边是用线段表达工程进度的图表，可表明各项工程的搭接关系。详见表3-1所列。

表 3-1　施工进度计划表

项次	分部(分项)工程	工程量		劳动量	机械		每天工作人数	工作日	施工进度											
		单位	数量		名称	数量			月						月					
									5	10	15	20	25	30	5	10	15	20	25	30

（2）施工进度计划的编制

①工程项目分类　将工程按照施工顺序列出。一般工程项目划分不宜过多，园林工程中不宜超过 25 个，应包括施工准备阶段和工程验收阶段。分类时视实际情况需要而定，宜简则简，但不得疏漏，着重于关键工序。详见表 1-2 所列。

②计算工程量　按施工图和工程计算方法逐项计算求得，并应注意计量单位的一致。

③计算劳动力数量和机械台班数量

$$某项工程劳动力数量 = \frac{该工程的工程量}{该工程的产量定额}\quad（或等于该项工程的工程量×时间）$$

$$需要机械台班数量 = \frac{工程的劳动量（工日）}{工程每天工作的人数}\quad（或等于工程量×机械时间定额）$$

④确定工期

$$所需工期 = \frac{工程的劳动量（工日）}{工程每天工作的人数}$$

工程项目的合理工期应满足三个条件：最小劳动组合、最小工作面和最适宜的工作人数。最小的劳动组合是指某个工序正常安全施工时的合理组合人数，如人工夯实至少应有 6 人才能正常工作。最小工作面是指每个工作人员或班组进行施工时有足够的工作空间，并能充分发挥劳动者潜能确保安全施工时的作业面积，如土方工程施工中人工挖土的最佳作业面积为 $4 \sim 6 m^2 /$ 人。最适宜的工作人数即最可能安排的人数，这个数量并不是绝对不变的，根据工程实际需要而定，如在一定工作面范围内，依据增加施工人数来缩短工期是有限度的，但可采用轮班作业形式达到缩短工期的目的。

⑤编制进度计划　编制施工进度计划应使各施工段紧密搭接并考虑缩短工程总工期。

⑥落实劳动力、材料、机具的需要量计划　施工计划编制后即可落实劳动资源的配置，组织劳动力，调配各种材料和机具并确定劳动力、材料、机械进场时间表。

4）施工现场平面布置图

施工现场平面布置图是用以指导工程现场施工的平面图，它主要解决施工现场的合理工作问题，通过平面布置图将工程使用的各种资源（如材料、构件、机械设备、运输道路、水电管网等）和生产、生活活动场地等合理地部署在施工现场。施工现场平面布置图的设计主要依据工程施工图、本工程施工方案和施工进度计划。

（1）施工现场平面布置图的内容

①工程临时范围和相邻的区域；

②临时性建筑的位置、范围；

③各种已有的确定建筑物和地下管道；

④整个建设项目的总平面图；

⑤施工道路、进出口位置；

⑥材料、设备和机具堆放场地、机械安置点；

⑦供水供电线路、临时排水管线；

⑧一切安全和消防设施的位置等。

（2）施工现场平面图设计原则

①在满足现场施工的前提下应布局紧凑，使平面安排合理有序，尽量减少临时用地。

②在保证施工顺利的条件下，应尽可能减少临时设施和临时管线，以节约资金，减少施工成本。要有效利用工地周边可利用的原有建筑物作为临时用房；供水供电等系统管网应最短；临时道路土方量不宜过大，路面铺装应简单，合理布置出入口；为了便于施工管理和日常生产，新建临时房应视场地情况多做周边式布置，且不得影响正常施工。

③最大限度减少场内运输，尤其避免场内多次搬运。

④要符合劳动保护、技术安全和消防的要求。

⑤应遵守环境保护条例的要求，避免污染环境。

不同的施工组织设计在内容和深度方面不尽相同。各类施工组织设计编制的主要内容，应根据建设工程项目的对象及规模大小、施工期限、复杂程度、施工条件等情况决定其内容的多少、深浅与繁简程度。施工组织设计的编制必须从实际出发，以实用为主，确定能够起到指导施工的作用，避免冗长、烦琐、脱离施工实际条件。

编制施工组织设计，应当从"组织"的角度出发，重点考虑以下内容：

第一，在施工组织总设计中是施工部署和施工方案，在单位工程施工组织设计中是施工方案和施工方法。前者的关键是"安排"，后者的关键是"选择"。这一部分是解决施工中的组织指导思想和技术方法问题，在操作时应尽量在"安排"和"选择"上做到优化。

第二，在施工组织总设计中是施工总进度计划，在单位工程施工组织设计中是施工进度计划。这部分所要解决的问题是顺序和时间。组织工作是否得力，主要看时间安排是否合理，顺序是否安排得当，合理的计划能够产生巨大的经济效益，一定要着重安排。

第三，在施工组织总设计中是施工平面布置图，在单位工程施工组织设计中是施工平面图。这一部分是解决空间问题和涉及投资的问题。它的技术性、经济性都很强，并且涉及许多政策和法规，如占地、环保、安全、消防、用电、交通等。

3.2 施工组织设计的编制与审批

园林工程施工组织设计是对拟建园林工程的施工做出全面规划、部署，用来指导园林工程施工的技术性文件。园林工程施工组织设计的本质是根据园林工程的特点与要求，利用先进科学的施工方法和组织手段，科学合理地安排劳动力、材料、机械设备、资金和施工方法，以达到人才与物力、时间与空间、技术与经济、计划与组织等诸多方面的合理优化配置，从而保证施工任务的顺利完成。

3.2.1　施工组织设计的编制原则

园林工程大多为综合性工程项目，所涉及的施工范围非常广泛，同时，园林工程特有的艺术特性对工程施工提出了再创作的要求。园林工程施工组织设计要做到科学、实用，这就要求编制人员透彻理解园林工程图纸、熟知相关园林工程施工工艺流程、各分部(分项)工程施工技法，在编制思路上应吸收多年来工程施工中积累的成功经验，在编制技术上要遵循施工规律、理论和方法，在编制方法上应集思广益，逐步完善。因此，园林工程施工组织设计的编制应当遵循下列基本原则。

1)遵循国家政策、法律法规

国家政策、法律法规对施工组织设计的编制有很大的影响，因此，在实际编制中要分析这些政策对工程施工的积极影响，以及园林工程施工所涉及的法律法规，如《中华人民共和国合同法》《中华人民共和国环境保护法》《中华人民共和国森林法》《园林绿化工程建设管理规定》《城市市容和环境卫生管理条例》《自然保护法》及各种设计规范等。在建设工程承包合同及遵照《中华人民共和国经济合同法》而形成的专业性合同中，都明确了双方的权利和义务，特别是明确的工程期限、工程质量保证等，在编制时应予以足够重视，以保证施工顺利进行，按时交付使用。

2)符合园林工程特点，体现园林综合艺术

园林工程大多是综合性工程，并具有随着时间的推移其艺术特色才慢慢发挥和体现的特点。因此，施工组织设计的制订要密切配合设计图纸，要符合原设计要求，不得随意更改设计内容。同时还应对施工中可能出现的其他情况拟定防范措施。只有吃透图纸，熟识造园手法，采取针对性措施，编制出的施工组织设计才能符合施工要求。

3)采用先进的施工技术，合理选择施工方案

园林工程施工中，要提高生产率、缩短工期、保证工程质量、降低施工成本、减少损耗，关键是采用先进的施工技术、合理选择施工方案以及利用科学的组织方法。因此，应当根据工程的实际情况，现有的技术力量和经济条件，吸纳先进的施工技术。目前，园林工程建设中采用的先进技术多用于设计和材料等方面，这些新材料、新技术的选择要切合实际，不得生搬硬套，要以获得最优指标为目的，做到施工组织在技术上是先进的，经济上是合理的，操作上是可行的，指标上是优质高标准的。

施工方案应进行技术经济比较，比较数据要准确，实事求是。要注意在不同的施工条件下拟定不同的施工方案，努力达到"五优"标准，即所选择的施工方法最优，施工进度、质量、环境、安全、成本控制最优，资源配置最优，施工现场调度组织最优，施工现场平面布置最优。

4)制订周密而合理的施工计划，加强成本核算，做到均衡施工

施工计划产生于施工方案确定后，是根据工程特点和要求安排的，是施工组织设计中

极其重要的组成部分。施工计划安排得好，能加快施工进度，保证工程质量，有利于各项施工环节的把关，消除窝工、停工等现象。

周密而合理的施工计划，应注意施工顺序的安排，避免工序重复或交叉。要按施工规律配置工程时间和空间上的次序，做到相互促进，紧密搭接。施工方式上可视实际需要适当组织交叉施工或平行施工，以加快速度，编制方法要注意应用横道流水作业和网络计划技术，要考虑施工的季节性，特别是雨季或冬季的施工条件。计划中还要正确反映临时设施的设置及各种物资材料、设备的供应情况，以节约为原则，充分利用固有设施，减少临时性设施的投入，进行合理的经济核算，强化成本意识。所有这些都是为了保证施工计划的合理有效，使施工保持连续均衡。

5)确保施工质量和施工安全，重视园林工程收尾工作

施工质量直接影响工程质量，必须引起高度重视。施工组织设计中应针对工程的实际情况，制定出切实可行的保证措施。园林工程是环境艺术工程，设计者的精心艺术创造，必须通过施工手段实现，因此，要求施工必须一丝不苟，保质保量，并进行二度创作，使作品更具艺术魅力。

"安全为了生产，生产必须安全"，施工过程中必须切实注意安全问题，要制定施工安全操作规程及注意事项，做好安全教育，加强安全生产意识，采取有效措施作为保证。同时，应根据需要配备消防设备，做好防范工作。

园林工程的收尾工作是施工管理的重要环节，但有时往往难以引起人们的注意，使收尾工作不能及时完成。园林工程具有的艺术性和生物性特征，使得收尾工作中的艺术再创造与生物管护显得尤为重要。收尾工作不能及时完成实际上也将导致资金积压，增加成本，造成浪费，因此，应十分重视后期的收尾工程，尽快竣工验收，交付使用。

3.2.2 施工组织设计的编制依据

园林工程施工组织是一项复杂的系统工程，编制时要考虑多方面因素，符合国家相关法律法规及工程项目实际。根据编制内容的不同，编制时所采用的资料也有差别。

1)园林工程总体施工组织设计编制依据

编制依据见表 3-2 所列。

表 3-2　园林工程施工组织设计编制依据表

编制依据	主要内容
园林建设项目基础文件	建设项目可行性研究报告及批准文件
	建设项目规划红线范围和用地批准文件
	建设项目勘察设计任务书、图纸和说明文件
	建设项目初步设计或技术设计批准文件、设计图纸和说明文件
	建设项目总概算或设计总概算
	建设项目施工招标文件和工程承包合同文件

（续）

编制依据	主要内容
工程建设有关政策、法律法规等	关于工程建设报建程序的有关规定 关于动迁工作的有关规定 关于园林工程项目实行施工监理的有关规定 关于工程造价管理的有关规定 关于工程设计、施工和验收的有关规定
建设地区原始调查资料	建设地区气象资料 工程地形、地质和水文资料 土地利用情况 地区交通运输能力和价格资料 地区绿化材料、建筑材料、构配件和半成品供应情况资料 地区供水、供电、供热等资料 地区园林施工企业状况资料 施工现场地上、地下管线的现状，如水、电、通信、煤气管线等状况
类似工程项目经验资料	类似施工项目成本控制资料 类似施工项目工期控制资料 类似施工项目质量控制资料 类似施工项目技术新成果资料 类似施工项目管理新经验资料

2）园林单位工程施工组织设计编制依据

①该单位工程全部施工图及相关标准图；

②单位工程地质勘测报告、地形图以及工程测量控制图；

③单位工程预算文件和资料；

④建设项目施工组织总体设计对本工程的工期、质量和成本控制的目标要求；

⑤承包单位年度施工计划对本工程开、竣工的时间要求；

⑥有关国家方针、政策、规范、规程以及工程预算定额；

⑦类似工程施工检验和技术新成果。

3.2.3　施工组织设计的编制程序

施工组织设计必须按照一定的先后顺序进行编制，才能保证其科学性与合理性，施工组织设计的编制程序如下：

1）编制前准备工作

①审核园林工程施工图纸，找出疑难问题，并按分部（分项）工程予以记录；

②现场踏勘，核实施工图纸与场地现状是否相符；

③参与图纸会审，领会设计意图，解决图纸疑问。

2）确定施工目标（总工期、质量、环境、安全、成本）

根据合同约定，结合本单位施工技术和管理水平，确定合理的施工目标。

3）确定施工方案

拟定施工方法及施工措施，进行技术经济分析比较，选择最优施工方案。

4）编制施工进度计划

①确定施工起点流向，划分施工段和施工层；

②分解施工过程，确定施工顺序；

③选择施工方法和施工机械；

④计算工程量，确定机械台班数量、劳动力数量及分配；

⑤计算各分项工程持续时间，确定各项流水参数；

⑥绘制施工横道图或网络图；

⑦按项目进度控制目标要求，调整和优化施工计划。

5）编制施工质量计划

①建立施工质量认证体系；

②明确工程设计质量要求；

③确定施工质量控制目标，并逐级分解；

④明确施工质量特点及其控制重点；

⑤制定施工控制点及实施细则，包括建筑材料、绿化材料、拟投入的机械设备设施，制定质量检查办法，分部（分项）工程质量控制措施，施工质量控制点的跟踪监控办法等。

6）编制施工成本计划

①优选材料、设备的质量和价格；

②优化工期和成本；

③减少赶工费；

④跟踪监控计划成本与实际成本差额，分析产生原因，予以纠正；

⑤全面履行合同，减少建设单位索赔机会；

⑥健全工程成本控制组织，落实控制者的责任；

⑦实现施工成本控制目标。

7）编制资源配置计划

施工资源配置计划包括：劳动力计划、机械设备计划、材料及构配件计划。

8）制定施工组织设计保证措施

施工质量、工期及进度、职业健康及安全、文明施工与环境保护等均应制定其相应的保证措施，保证措施的制定一般从组织、技术、经济及合同等几个方面进行。

9）绘出施工平面布置图

将前述平面布置图的内容，逐一绘制在施工总平面图上。平面布置图比例一般采用1∶200~1∶500。

施工组织设计的编制，不仅要考虑技术上的需要，而且要考虑履行合同的需要，应编成一份集技术、经济、管理、合同于一体的项目管理规划性文件，合同履行的指导性文件，工程结算和索赔的依据性文件。

对于大型或复杂项目，应分阶段或分部位(分部、分项)编制；编制工作应在所针对的项目实施前完成。

分包施工的分部(分项)工程的施工作业设计(方案)，应以附件形式汇总于项目施工组织设计中。

3.2.4 施工组织设计条形图编制方法

条形图法也称为横道图、横线图。它简单实用，易于掌握，在园林绿地项目施工中得到广泛应用。常用的有作业顺序表和详细进度表两种。

编制条形图进度计划要确定工程量、施工顺序、最佳工期以及工序或工作的天数、搭接关系等。

1)作业顺序表

图 3-1 是某绿地草坪铺设工程的作业顺序表，图右表示作业量的比率，图左是按施工顺序标明的作业内容或工序。它清楚地反映了各工序的实际情况，对作业量的完成率一目了然，便于实际操作。但工种间的关系不明确，不适合较复杂的施工管理。

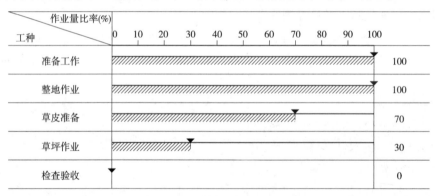

图 3-1 铺草作业顺序表

2)详细进度表

详细进度表是最普遍、应用最广泛的条形图进度计划表，经常所说的横道图就是指施工详细进度表。

(1)条形图详细进度计划编制

详细进度计划由两部分组成，左边以工种(或工序、分项工程)为纵坐标，包括工程量、各工种工期、定额及劳动量等指标；右边以工期为横坐标，通过线框或线条表示工程进度，如图 3-2 所示。

根据图 3-2，说明详细进度计划表的编制方法如下：

①确定工序，一般要按施工顺序、作业搭接客观次序排列，可组织平行作业，但最好不安排交叉作业。项目不得疏漏也不得重复。

②根据工程量和相关定额及必须的劳动力，加以综合分析，制定各工序(或工种、

工种	单位	单位	开工日期	完工日期	×××年4月
					5　10　15　20　25　30
准备工作	组	1	4月1日	4月5日	
定点放线	组	1	4月6日	4月8日	
土山工程	m³	5000	4月10日	4月15日	
种植工程	株	400	4月15日	4月24日	
草坪种植	m²	900	4月24日	4月28日	
收尾工程	队	1	4月28日	4月30日	

图 3-2　施工详细进度表

项目)的工期。确定工期时可视实际情况酌情增加机动时间,但要满足工程总工期的要求。

③用线框在相应栏目内按时间起止期限绘成图表,要求清晰准确。

④绘制完毕后要认真检查,看是否满足总工期要求,能否清楚反映时间进度和应完成的任务指标等内容。

(2)条形图的应用

利用条形图表示施工详细进度计划就是要对施工进度合理控制,并根据计划随时检查施工过程,达到保证工程施工顺利、降低工程费用、符合总工期目标的目的。

图 3-3 是某种植工程的横道图进度计划。原计划工期20天,由于各工种相互衔接紧密,施工组织合理,因而各工种均提前完成,节约工期2天。在第9天清点时,本应当天开工的灌木种植工序实际上已经完成了工程量的1/3。

序号	工种	单位	数量	所需天数	1	2	3	4	5	6	7	8	9	10	11	12	13	14	15	16	17	18	19	20
1	整理绿地	队	2	2																				
2	开挖树穴	组	3	5																				
3	苗木准备	株	500	5																				
4	乔木种植	株	350	5																				
5	灌木种植	株	150	3																				
6	绿地平整	m²	2000	2																				
7	草皮准备	m²	2000	1																				
8	种植草坪	m²	2000	5																				
9	检查验收	组	1	2																				

□ 预定工期　　▨ 实际工期

图 3-3　某种植工程施工进度计划

3.2.5　施工组织设计的审批

施工组织设计在编制完成后,需填写《施工组织设计(方案)报审表》,交主管部门审批。根据编制对象的范围,不同的施工组织设计,所要求的审批权限不同,在一般的园林工程建设中对于不同对象的施工组织设计,审批可以分为以下几种情况(表 3-3)。

表 3-3　施工组织设计审批分类

类别	编制	审核	审批
施工组织总设计	项目负责人主持		总承包单位技术负责人
单位工程施工组织设计	项目技术负责人主持		施工单位技术负责人或技术负责人授权的技术人员
分部分项工程施工作业设计	专业技术人员	相关案例、技术、设备、施工、材料、监理等部门	具有法人资格企业的技术负责人

【实践教学】

实训 3-1　编制园林工程施工组织设计

一、实训目的

掌握园林工程施工组织设计的编制内容和步骤。

二、材料及用具

园林工程招标文件、工程施工图样、园林工程概(预)算等。

三、方法及步骤

1. 简要说明工程特点。

2. 工程施工特征。结合园林建设工程具体施工条件，找出其施工全过程的关键工程，并从施工方法和措施方面给以合理解决。

3. 施工方案(单项工程施工进度计划)

①熟悉并审查施工图，研究原始资料。

②确定施工起点流向，划分施工段和施工层。

③分解施工过程，确定工程项目名称和施工顺序。

④选择施工方法和施工机械，确定施工方案。

⑤计算工程量，确定劳动力分配或机械台班数量；计算工程项目持续时间，确定各项流水参数。

⑥绘制施工横道图。

⑦按项目进度控制目标要求，调整和优化施工横道计划。

四、考核评估

1. 资料收集齐全。

2. 任务分工明确。

五、作业

1. 园林工程施工组织设计方案。

2. 实训报告。

【单元小结】

本单元主要阐述了施工组织设计的概念、作用、分类及内容，明确了施工组织设计的编制原则、依据、程序和方法，并且指明了审批的权限和程序。其具体内容如下表所列。

单元 3 园林工程施工组织设计	3.1 施工组织设计的概念和内容	3.1.1 施工组织设计的概念	(1)施工组织设计; (2)施工组织设计的核心内容
		3.1.2 施工组织设计的作用与分类	(1)施工组织设计的作用; (2)施工组织设计的分类
		3.1.3 施工组织设计的内容	(1)工程概况; (2)施工方案; (3)施工进度计划; (4)施工现场平面布置图
	3.2 施工组织设计的编制与审批	3.2.1 施工组织设计的编制原则	(1)遵循国家政策、法律法规; (2)符合园林工程特点，体现园林综合艺术; (3)采用先进的施工技术，合理选择施工方案; (4)制订周密而合理的施工计划，加强成本核算，做到均衡施工; (5)确保施工质量和施工安全，重视园林工程收尾工作
		3.2.2 施工组织设计的编制依据	(1)园林工程总体施工组织设计编制依据; (2)园林单项工程施工组织设计编制依据
		3.2.3 施工组织设计的编制程序	(1)编制前准备工作：审核图纸，踏勘现场，图纸会审; (2)确定施工目标(总工期、质量、环境、安全、成本); (3)确定施工方案; (4)编制施工进度计划; (5)编制施工质量计划; (6)编制施工成本计划; (7)编制资源配置计划; (8)制定施工组织设计保证措施; (9)绘制施工平面布置图
		3.2.4 施工组织设计条形图编制方法	(1)作业顺序表; (2)详细进度表
		3.2.5 施工组织设计的审批	(1)施工组织总设计; (2)单位工程施工组织设计; (3)分部(分项)工程施工组织设计

【自主学习资源库】

1. 园林工程施工组织设计从入门到精通. 宁平. 化学工业出版社，2017.
2. 园林吧：http://www. yuanlin8. com.
3. 中国风景园林网：http://www. chla. com. cn.

【自测题】

1. 简述施工组织设计的原则与作用。
2. 简述施工组织设计的编制内容。
3. 试述园林施工平面布置图的内容及编制原则。

单元 4

园林施工现场及环境管理

【知识目标】

(1)了解施工现场管理特别是文明施工的重要意义。

(2)熟悉施工现场平面图管理、场容管理和环境管理工作的内容、目的和要求。

【技能目标】

(1)能按园林工程施工现场及环境管理的程序和方法进行管理。

(2)能够按《建设工程施工现场管理规定》和园林施工项目管理部门相关规定的要求进行宣传管理工作。

【素质目标】

(1)遵守职业道德和相关法律法规。

(2)提高环境保护意识。

4.1 施工现场管理的概念、内容和意义

4.1.1 施工现场管理的概念

施工现场是指从事园林建设工程施工活动经批准占用的场地。它既包括红线以内占用的建筑用地和施工用地，又包括红线以外现场附近经批准占用的临时施工用地。

施工现场管理是指对施工项目现场内的活动及空间所进行的管理，就是通过科学的组织和计划使施工现场形成和保持良好的生产环境、生活环境和施工秩序，从而能够安全、高效、保质保量地进行工程施工。施工现场管理是施工管理的一个重要组成部分。过去，由于条件的限制，现场管理往往得不到应有的重视，目前，由于国家对于安全、环境保护的重视，法制的健全以及市场经济形势的影响，现场管理工作得到了施工企业的普遍重视，现场管理水平也有了较快的提高。

4.1.2 施工项目现场管理的内容

施工项目现场管理的主要内容见表 4-1 所列。

表 4-1 施工项目现场管理的主要内容

项 目	内 容
合理规划施工用地	①根据施工项目及建设用地特点，应充分合理利用施工场地； ②场地空间不足时，应向有关部门申请后方可利用场外临时施工用地
科学设计施工总平面图	①施工组织设计中要科学设计施工总平面图，并随着施工的进展，不断修改完善； ②大型机械及重要设施布局要合理不要频繁调整
建立施工现场管理组织	①明确项目经理人的地位及职责； ②建立健全各级施工现场管理组织； ③建立健全施工现场管理规章制度； ④班组实行自检互检交接制度
建立文明施工现场	①施工现场入口处应有施工单位标志及现场平面布置图； ②应在施工现场挂有现场规章制度、岗位责任制等； ③按规定要求堆放好各种施工材料等

4.1.3 施工现场管理的意义

施工现场是否规范有序，施工现场管理水平高低，不仅体现企业的精神面貌，也直接影响园林工程的质量和企业的经济效益。因此，做好施工现场管理具有重要的意义。具体体现在以下几个方面：

1）现场管理是现代园林施工的客观要求

通过现场管理的合理安排、有机协调，使施工现场形成一个有利于工程施工按计划正

常进行的氛围。反之，施工现场就会出现脏、乱、差的环境局面，妨碍交通运输秩序，影响工作效率和工程质量，出现空气、土壤和水的污染，出现原材料的浪费，损害施工人员的身心健康，增加设备故障，甚至发生环境、安全事故。

2）现场管理是企业形象的展现

现场管理是整个施工项目管理的一面"镜子"，能映照出施工单位的面貌。通过对工程施工现场的观察，施工单位的精神面貌和管理水平赫然显现。特别是市区内的施工现场，周围来往人群众多，对周围的影响也大。一个文明的施工现场能产生很好的社会效益，会赢得广泛的社会信誉，进而能使企业做大做强；反之也会损害企业的声誉。

3）现场是进行施工的"舞台"

所有的施工活动都要通过现场这个舞台实现，大量的物资、劳动力、机械设备都需要通过这个"舞台"有条不紊地逐步转变为园林工程实体，因而这个"舞台"的布置正确与否，是"节目"能否顺利进行的关键。

4）现场管理是贯彻执行有关法规的"焦点"

现场管理涉及面较广，如城市规划、市容整洁、交通运输、消防安全、环境保护和文物保护、居民生活、文明建设等范畴，每个范畴都有相应的法律法规，因此，负责施工现场管理的人员，必须具备较强的法制观念和强烈的责任心，才能担当现场管理的重任。

5）现场管理是连接施工项目其他工作的"纽带"

现场管理很难和其他管理工作分开，其他管理工作也必须和现场管理相结合。

总之，良好的现场管理能使场容美观整洁，道路畅通，材料放置有序，施工有条不紊，安全、消防、保安均能得到有效的保障，并且使得与施工项目有关各方都能满意。相反，杂乱的施工现场、低劣的现场管理会影响施工进度，并且会成为产生事故的隐患。

4.2 施工现场平面图与场容管理

4.2.1 施工现场平面图管理

施工现场平面图根据项目的规模不同一般可分为施工总平面图和单位工程施工平面图。施工现场平面图是现场管理、实现文明施工的依据。施工现场平面图应对施工机械设备设置、材料和构配件的堆场、现场加工场地，以及现场临时运输道路、临时供水供电线路和其他临时设施进行合理布置。在编制施工现场平面图前应当首先确定施工步骤。然后结合工程实际情况，根据工程进度的不同阶段，编制按阶段区分的施工平面图并进行相应的管理。

施工平面图管理是指根据施工现场布置图对施工现场水平工作面的全面控制活动，其目的是充分发挥施工场地的工作面特点，合理组织劳动资源，按进度计划有序施工。园林工程施工范围广、工序多、工作面较分散，要求做好施工平面的管理，也只有这样，才能统筹全局，照顾到各施工点，进行资源的合理配置，发挥机具的效率，保证工程施工的快速、优质、低耗，达到施工管理的目的。

1）施工项目现场平面图管理的内容

①实行"项目部统一管理，分部各负其责"的施工现场平面管理责任制。项目部行使总平面图的管理职能，重点协调、综合平衡各分部间的关系，加强检查，实施动态管理，及时解决现场存在的问题，使现场平面管理始终处于有序受控状态。各分部根据划分的责任区，负责协调管理各作业之间的关系；

②对临时设施，项目部实行统一管理并严格执行报批制度；

③按批准的施工项目现场平面图布置，对施工机械和施工料具的堆置和停放进行管理；

④对施工项目现场平面图布置和实施情况，建立定期检查制度，一般随现场安全检查和文明施工检查一同进行。检查的主要内容有：材料、机具有无乱停乱放现象，临时设施有无违规搭建，是否满足施工需要，其搭建是否符合各项规定等；

⑤对违反施工项目现场平面图布置规定的现象及时进行处理；

⑥根据情况变化，按程序适时调整施工现场平面图布置。施工阶段不同，对现场平面布置的需求也会有所变化，因而应随时根据新的情况调整现场平面图布置。

2）施工平面图管理工作要求

①现场平面布置图是施工总平面管理的依据，应认真予以落实；

②如果在实际工作中发现现场布置图有不符合现场的情况，在不影响施工进度、施工质量的前提下，要根据具体的施工条件提出修改意见，进行修改并予以落实；

③平面管理的实质是水平工作面的合理组织，因此，要视施工进度、材料供应、季节条件等做出劳动力安排，争取缩短工期；

④在施工工作面上，如与其他工种交叉作业，应及时进行协商，做好工程的成品保护工作。园林绿化工程的施工现场范围相对较大，一般不设围挡等保护设施，且不可避免地与其他工程有交叉施工的可能性，故成品保护措施是必不可少的；

⑤在现有的游览景区或企事业单位内施工，要注意单位内的秩序和环境。材料堆放、运输应有一定的限制，避免出现混乱局面，同时，不得任意侵占游览道路或上下班通道；

⑥平面管理要注意灵活性与机动性。对不同的工序或不同的施工阶段采取相应的措施，如夜间施工可调整供电线路，雨季施工要组织临时排水等；

⑦平面管理中要重视生产安全。施工人员要有足够的工作面，避免窝工，同时要经常检查，及时排除安全隐患，加强安全意识的培训，确保施工安全。

4.2.2　场容管理

场容是指施工现场的面貌，包括入口、围护、场内道路、堆料场、加工场等场所及整个用地范围的整洁有序，也包括办公室内环境，甚至包括现场人员的精神面貌。场容管理就是要求在施工现场创建并保持一个有序、合理、美观的，能够体现施工企业形象面貌和精神文明水平的环境。

1）场容管理的基本要求

①场容管理的基本要求是创造清洁整齐的施工环境，达到保证施工的顺利进行和展示企业良好精神面貌的目的；

②要通过场容管理与其他工作的结合，共同对现场进行管理。如材料管理中的材料堆放、安全管理中的用电设施布置维护等。特别是对于易燃、有害物体的管理，如油漆、汽油、沥青等，是场容管理和消防管理结合的重点；

③严格按标准、按程序、按规范进行施工作业。在施工过程中，工地及四周环境要及时清理干净，及时清运工程余料、废料，施工机具、周转材料及设备等要摆放整齐有序。施工现场管理做到工完料净场地清；

④场容管理还应当贯穿到施工结束后的清场。施工结束后应将地面上施工遗留的物资清理干净。

2）场容管理的内容

①通过施工用地的合理规划，分阶段进行施工总平面设计；

②场容管理要划分现场参与单位的责任区，各自负责所管理的场区。划分的区域应随着施工单位和施工阶段的变化而改变；

③现场道路应尽量布置成环形，以便于出入。现场道路应尽量利用已有道路，或根据永久道路的位置，先修路基，作为临时道路，以后再做路面。施工道路的布置要尽量避开后期工程或地下管道的位置，防止后期工程和地下管道施工时造成道路的破坏。场内通道以及大门入口的上空如有障碍应设限高标志，防止超高车辆碰撞；

④布置施工现场入口，以及对内、对外宣传标语；

⑤保持施工现场及现场办公场所卫生整洁；

⑥教育职工注意行为和语言的文明。特别是在市区施工时，应把服装整洁、举止文明等列入场容管理的内容。

3）施工现场入口设置

施工现场入口应作适当布置，有条件时可根据需要设置大门。有横梁的大门高度应考虑起重机械的进出，也可设置成无横梁或横梁可取下的大门。目前有些企业已设计了标准的施工现场大门作为企业的统一标志，在大门上还设置有企业的标志，这种做法是可以借鉴的。

主现场入口处一般应有以下标牌：

①工程概况牌（写明工程名称、工程规模、性质、开竣工日期、发包人、设计人、承包人和监理单位的名称、施工起止年月等）；

②安全纪律牌（安全警示标志，安全生产及消防保卫制度）；

③防火须知牌；

④安全无重大事故牌；

⑤安全生产、文明施工牌；

⑥施工总平面图；

⑦项目经理部组织架构图及主要管理人员名单（写明施工负责人、技术负责人、质量负责人、安全负责人、器材负责人等）。

4）5S 现场管理法

5S 现场管理法是维持工地办公场所和施工现场良好秩序的一种有效的方法，最初在工厂车间得到应用和推广,但同样也适用于园林施工活动和施工现场。

5S 现场管理法,现代企业管理模式,5S 即整理(seiri)、整顿(seiton)、清扫(seiso)、清洁(seiketsu)、素养(shitsuke),又被称为"五常法则"。

5S 现场管理法起源于日本,是指在生产现场中对人员、机器、材料、方法等生产要素进行有效的管理,这是日本企业独特的一种管理办法,广泛应用于制造业、服务业等改善现场环境的质量和员工的思维方法,使企业能有效地迈向全面质量管理,主要是针对制造业在生产现场,对材料、设备、人员等生产要素开展相应活动。根据企业进一步发展的需要,有的企业在 5S 的基础上增加了安全(safety),形成了"6S"。

整理(seiri):工作现场,区别要与不要的东西,只保留有用的东西,撤除不需要的东西。

整顿(seiton):把要用的东西,按规定位置摆放整齐,并做好标识进行管理。

清扫(seiso):将不需要的东西清除掉,保持工作现场无垃圾、无污秽状态。

清洁(seiketsu):维持以上整理、整顿、清扫后的局面,使工作人员觉得整洁、卫生。

素养(shitsuke):通过进行上述 4S 的活动,让每个员工都自觉遵守各项规章制度,养成良好的工作习惯,使每个人都成为有教养的人。

5S 是现场管理的基础,是 TPM(全员参与的生产保全)的前提,是 TQM(全面质量管理)的第一步,也是 ISO 9000 有效推行的保证。5S 现场管理法能够营造一种"人人积极参与,事事遵守标准"的良好氛围。有了这种氛围,推行 ISO、TQM 及 TPM 就更容易获得员工的支持和配合,有利于调动员工的积极性,形成强大的推动力。

4.3 文明施工与环境管理

施工企业要达到适应市场经济发展的需要,不断提高园林建设管理水平,提高文明施工标准,改善施工环境,使园林建设与施工管理逐步走向科学化、规范化,实现标准化工地,维护和改善绿地的生态环境质量,在园林施工项目管理中就必须做好文明施工与环境管理工作。

4.3.1 文明施工

文明施工是指按照有关法规的要求,使施工现场和临时占地范围内秩序井然,现场环境得到保持,古树名木不被破坏,交通畅达,文物得以保存,防火设施完备,居民不受干扰,场容和环境卫生均符合要求。

1)制订文明施工方案

开工前应编制详细的文明施工计划,制订文明施工措施,制定文明施工制度。

建立和健全施工现场项目经理负责制和文明工作责任制,注意关心职工工地生活,搞好食堂卫生和生活环境,预备一定的生活娱乐设施,使职工能安心工作。

文明施工方案要符合《建设工程施工现场管理规范》,以及当地《城市市容和环境卫生管理条例》《建设工程施工现场管理办法》等有关规范和法规的要求。

2）把好过程监控关，打造优良文明施工现场

加强文明施工教育，提高全体施工人员文明施工的意识，坚持一手抓精神文明建设，一手抓物质文明建设。

加强文明施工硬件设备的投入，配备各种防火、防触电、防雨设施，实行专业检查与施工现场群众检查相结合的方针，建立健全各项规章制度，并注重制度落实。

施工现场属动态管理，抓好过程中的监督检查工作，是落实文明施工各项标准，实现目标的有效保证。"过程监控，落实标准，常抓不懈"要成为文明施工管理人员的责任意识，并落实在行动中。施工管理中坚持巡查制度，管理人员坚持做好现场跟踪督促检查，做好文明施工日记，及时了解施工动态，发现问题及时督促整改，消除隐患，纠正不规范的做法，始终使现场保持文明的状态，力求实现施工现场的长效管理。表 4-2 为某园林施工项目工地文明施工检查表。

表 4-2　工地文明施工检查表

序号	检查项目	检查内容
1	施工现场	①按标准悬挂施工铭牌； ②各类材料、设备、预制构件等堆放位置与施工总平面布置图相符，并放置整齐有序； ③有切实可行的临时防雨、排水措施； ④严格控制噪声、尘土飞扬，泥浆排放经过处理； ⑤混凝土、灰土拌和有防尘措施； ⑥工程余料、废料及时清运，施工机具、周转材料及设备等要摆放整齐有序，施工现场做到工完料净场地清
2	交通组织	①通道平整畅通； ②按规定设置交通标志(牌)，夜间设置示警灯及照明灯
3	成品保护	①对施工作业人员进行成品保护交底； ②成品保护措施已落实且可靠； ③重要设施和造型或复杂地段施工，有专人负责监护； ④地下管线保护区范围内，禁止用机械开挖
4	施工质量	①严格执行施工强制性标准； ②严格遵守施工技术规则； ③有合格的测量、计量、试验设备和设施
5	施工安全	①安全管理人员、特种作业人员持证上岗； ②各类电器(气)设备、机械机具符合安全使用要求； ③施工现场按照有关规定设置安全警示、警告标志(牌)； ④现场人员严格遵守安全操作规程； ⑤脚手架搭设、承重支架的制作、大树移植、景石安装等特殊施工工艺，有单独的安全施工组织方案，并严格遵守执行； ⑥施工现场和生活区有消防安全标志(牌)，按规定配备符合要求的消防器材；易燃易爆区域应当设有禁火标志，有防火、防爆措施

（续）

序号	检查项目	检查内容
6	现场人员	①管理人员佩卡上岗，施工作业人员着装统一； ②现场人员严格遵守安全操作规程，不违章操作，不违章指挥； ③行为举止文明
7	生活设施	①施工现场生活区与施工区明显分隔，设置单位铭牌和门卫； ②工地现场的饮用水、茶水桶符合卫生要求； ③食堂卫生、整洁，有卫生许可证或供餐合同； ④宿舍生活用品摆放整齐，没有乱接乱拉电源线现象； ⑤生活区环境整洁优美、场地平整，材料、物品堆放整齐
8	内业资料	①施工组织设计包括文明施工、安全、质量、管线保护、现场卫生管理等内容； ②成品保护资料齐全； ③各类文档按规范要求整理； ④各类图表按要求绘制并悬挂上墙； ⑤有现场分管领导和专职管理人员定期对现场文明施工进行检查记录以及整改反馈记录

4.3.2　ISO 14000 环境管理体系的有关规定

ISO 14000 系列标准是为促进全球环境质量的改善而制定的，它是通过一套环境管理的框架文件来加强组织的环境意识、管理能力和保障措施，从而达到改善环境质量的目的。它是组织自愿采用的标准，是组织的自觉行为。在我国是采取第三方独立认证来验证组织对环境因素的管理是否达到改善环境绩效的目的，是否在满足相关方要求的同时满足社会对环境保护的要求。

ISO 14000 标准是关于环境管理方面的标准，它是融合世界上许多发达国家在环境管理方面的经验而形成的一套完整的适用性很强的管理手段。该标准在企业原有管理的基础上建立一个系统的管理机制，把各种问题系统地有机地管理起来，避免了"头痛医头，脚痛医脚"的单一管理。这个新的管理机制不但可以提高环境管理水平，而且还可以带动和促进企业整体的管理水平，与国际管理接轨。

1）ISO 14000 标准的构成

①ISO 14000 是一个系列的环境管理体系标准，它包括了环境管理体系、环境审核、环境标志、生命周期分析等国际环境管理领域内的许多焦点问题，旨在指导各类组织取得和表现正确的环境行为；

②ISO 14000 系列标准中，ISO 14001 是环境体系标准的龙头，因为 ISO 14001 是企业建立环境管理体系以及审核认证的最根本的准则，是随后一系列标准的基础。环境管理体系是质量、环境、职业健康与安全一体化管理体系的组成部分，它要求组织在其内部建立并保持一个符合标准的环境管理体系；

③环境管理体系由环境方针、规划、实施与运行、检查和纠正、管理评审 5 个部分 17

个要素构成，这些要素有机结合和有效运行使组织的环境行为得到持续改进。目前，国际、国内所有进行的 ISO 14000 认证是指对组织环境管理体系的认证，组织取得的是 ISO 14001 认证证书。

2）ISO 14001 标准的特点

①以市场驱动为前提，是自愿性标准；

②强调有关法律、法规的持续符合性，没有绝对环境行为的要求；

③强调污染预防和持续改进；

④标准强调的是管理体系，特别注重体系的完整性；

⑤广泛使用性；

⑥是我国现行环境管理制度的补充和完善，使可持续发展思想具体化、技术化。

建立环境管理体系使企业不同层次的人员受到各种培训，了解到自身的环境问题，环境的内在价值，环境保护对企业发展和社会的重要性，增强了企业人员工作的责任感，提高了人员的素质和工作技能，从而提高了企业的生产力水平。

企业通过 ISO 14001 认证，不但顺应国际和国内在环保方面越来越高的要求，不受国内外在环保方面的制约，而且可以满足当今经济体制方面越来越高的要求，跻身于现代经济发展的浪潮中而不被淘汰。此外，国内外对实施 ISO 14000 的企业在政策和待遇方面给予的鼓励和优惠，会有利于企业的良性和长期发展。

4.3.3　环境因素的识别

1）可控制的环境因素的识别

识别可控制的环境因素时，充分考虑：生产过程、设备运行过程、物资储运过程、办公生活过程。

2）可施加影响的环境因素的识别

识别可施加影响的环境因素时，充分考虑供方和分包方所提供的产品或服务过程。

3）环境因素的描述

识别环境因素要考虑过去、现在和将来 3 种时态；正常、异常和紧急 3 种状态，环境因素描述应是"名词+动词（如电消耗）"。

4）环境因素识别的内容

环境因素识别的内容要考虑以下 8 个主要方面：①对水体排放；②对大气排放；③对土地的排放；④原材料和自然资源的使用；⑤能源的使用；⑥能量释放（如热、辐射、振动等）；⑦废物和副产品；⑧物理属性（如大小、形状、颜色、外观等）。

4.3.4　环境影响的评价与控制

1）环境影响的评价

环境影响是指全部或部分组织的环境因素给环境造成的任何有害或有益的变化。环境因素识别后，要对环境因素进行评价，判定是否为重要环境因素。

（1）"是非判断法"评价

是非判断法是一种定性评价方法，针对识别出来的环境因素对照下列标准进行分析，只要满足其中之一就可以列为重要环境因素：

①不符合国家及地方有关法律、法规及其他要求规定或未达到环境质量标准的；

②当地政府高度关注或强制控制的；

③政府或法律明令禁止使用、限制使用或限期替代的；

④异常或紧急状态下预计产生严重环境影响的；

⑤能源、资源异常消耗的；

⑥国家危险废物名录中规定的废弃物。

（2）"多因子评价法"评价

①评价方法　多因子评价法是根据对影响环境的 5 个方面评价因子进行权衡，然后进行总体评价。对污染型重要环境因素和消耗型重要环境因素，分别采取下列两类评价标准进行评价（表 4-3、表 4-4）。

表 4-3　污染型重要环境因素评价标准

评价因子				
发生频次（a）	法规符合型（b）	环境影响程度（c）	影响范围（d）	社会关注程度（e）
持续发生（5 分）	超标（5 分）	严重（5 分）	界外 500m（5 分）	严重（5 分）
间断发生（3 分）	接近标准（3 分）	一般（3 分）	界外 100m（3 分）	一般（3 分）
偶然发生（1 分）	达标（1 分）	轻微（1 分）	场界内（1 分）	轻微（1 分）

表 4-4　消耗型重要环境因素评价标准

评价因子				
发生频次（a）	采取措施后的节约程度（b）	实施节约措施的能力（c）	实施节约措施的资金投入（d）	社会关注程度（e）
持续发生（5 分）	较多（5 分）	大（5 分）	较小（5 分）	大（5 分）
间断发生（3 分）	一般（3 分）	中（3 分）	一般（3 分）	一般（3 分）
偶然发生（1 分）	较难节约（1 分）	小（1 分）	较多（1 分）	小（1 分）

②判定标准　重要环境因素评价标准：当 $a=5$ 或 $b=5$ 或 $c=5$ 或 $d=5$ 或 $e=5$ 或总分 $\Sigma \geq 15$ 时确定为重要环境因素，表明风险"不可接受"。

2）控制措施的策划与实施

（1）控制措施的策划

对确定的重要环境因素，确定环境管理目标，并将其分解为可实现的指标，制订环境管理方案、操作规程和作业指导书。制定环境管理目标的依据有：①国家相关的法律、法规及其他要求；②顾客及相关法律的要求；③企业管理方针；④年度生产经营计划；⑤管理和技术现状；⑥财务、运行及要求；⑦管理评审结果等。

（2）控制措施的实施

项目经理部应组织员工对管理方案、操作规程和作业指导书进行培训学习，并按控制措施的策划组织实施。对相关方造成的环境影响，要进行有效沟通，将有关信息传达到相关方，并对可能影响环境和职业健康安全的相关方施加必要的影响。

（3）环境绩效考核

项目经理部应按公司的要求，对环境绩效进行监测，并按目标、指标与管理方案的要求组织考核，考核不合格的要进行整改。

4.3.5 园林工程施工项目环境管理

园林工程项目环境管理的目的是保护生态环境，使社会的经济发展与人类的生存环境相协调。控制作业现场的各种废弃物质对环境的污染和危害，节约能源和合理使用资源。

1）园林工程施工环境保护的概念

环境保护是按照法律法规、各级主管部门和企业的要求，保护和改善作业现场的环境，控制现场的各种粉尘、废气、废水、固定废弃物以及噪声、振动对环境的污染和危害，节约能源，同时避免资源的浪费。环境保护也是文明施工的重要内容之一。

2）园林工程施工环境保护的基本规定

①把环保指标以责任书的形式，层层分解到有关单位和个人，列入承包合同和岗位责任制，建立一套行之有效的环保自我监控体系；

②经常检查，加强对施工现场粉尘、噪声、废气的监测和监控工程，及时采取措施消除粉尘、废气和污水的污染；

③在编制施工组织设计时，必须有环境保护的技术措施。在施工现场平面布置和组织施工过程中，都要执行国家、地区、行业和企业有关防治空气污染、水源污染、噪声污染等环境保护的法律、法规和规章制度；

④园林工程施工由于技术、经济条件有限，对环境的污染不能控制在规定的范围内的，建设单位应当同施工单位事先报请当地人民政府建设行政主管部门和环境行政主管部门批准。

3）园林工程施工环境保护的防治措施

（1）防止噪声污染的措施

措施包括严格控制人为噪声进入施工现场，不得高声喊叫，无故敲打模板，最大限度地减少噪声扰民；采取措施从声源上降低噪声，如尽量选用低噪声设备和加工工艺代替高噪声设备与加工工艺，采用吸声、隔声、隔振和阻尼等声学处理方法，设置隔音板，在传播途径上控制噪声。

（2）防止土壤及水源污染的措施

禁止将有毒、有害废弃物作为土方回填；施工现场搅拌站废水、现场水磨石的污水、电石的污水，应经沉淀池沉淀后再排入污水管道或河流，当然最好能采取措施加以回收利用；现场存放油料的库房，必须对地面进行防渗处理，防止油料跑、冒、滴，污染水体；化学药品、外加剂等应妥善保管，库内存放，防止污染环境。绿化使用的化肥、农药包装物要组织回收，特别是列入国家危废名录的农药包装物，回收后交相关单位处理。

（3）防止大气污染的措施

施工现场的垃圾要及时清理出现场，袋装水泥、白灰、粉煤灰等易飞扬的细颗粒散体材料应在库内存放；室外临时露天存放时必须下垫上盖，防止扬尘。除设有符合规定的装置外，禁止在施工现场焚烧油毡、橡胶、皮革，以及其他会产生有毒、有害烟尘的物质。

【实践教学】

实训4-1　参观考察园林施工现场

一、实训目的

使学生了解施工现场平面图管理、场容管理和环境管理工作的内容，增强学生对施工现场管理重要性的认知。

二、实训材料和用具

施工图纸、施工组织设计文件、照相机、卷尺、速记本、铅笔、橡皮等。

三、方法和步骤

1. 认真分析工程项目的施工组织设计、施工特点及环境情况。

2. 结合实际情况，找出现场管理工作存在的问题。

3. 根据存在的问题制定改进方法和措施。

4. 拟定现场管理制度和文明施工检查项目内容。

四、考核评估

序号	考核项目	考核标准				等级分值			
		A	B	C	D	A	B	C	D
1	针对性：管理制度和文明施工检查项目内容有针对性，是对具体工程的特点进行编制的，能很好地起到指导和控制施工现场管理的作用	良好	较好	一般	较差	30	24	18	12
2	完整性：制定的管理制度合理、内容完整，文明施工和环境管理方案完整	良好	较好	一般	较差	30	24	18	12
3	可操作性：现场管理制度详细，管理职责明确，措施具体可行	良好	较好	一般	较差	30	24	18	12
4	文字组织的条理性：句子结构简洁，无错别字，行文条理清晰，排版主次分明，阅读方便	良好	较好	一般	较差	5	4	3	2
5	实训态度：积极主动，完成及时	良好	较好	一般	较差	5	4	3	2
本次实训考核成绩（合计分）									

【单元小结】

本单元主要阐述了施工项目现场管理的重要性，介绍了施工现场平面图和场容管理的内容和要求，着重强调了施工现场管理中文明施工与环境管理的方法、规定和标准。其具体内容详见下表所列。

单元 4 园林施工现场及环境管理	4.1 施工现场管理的概念、内容和意义	4.1.1 施工现场管理的概念	(1)施工现场； (2)施工现场管理
		4.1.2 施工项目现场管理的内容	(1)合理规划施工用地； (2)科学设计施工总平面图； (3)建立施工现场管理组织； (4)建立文明施工现场
		4.1.3 施工现场管理的意义	(1)现场管理是现代园林施工的客观要求； (2)现场管理是企业形象的展现； (3)现场是进行施工的"舞台"； (4)现场管理是贯彻执行有关法规的"焦点"； (5)现场管理是连接施工项目其他工作的"纽带"
	4.2 施工现场平面图与场容管理	4.2.1 施工现场平面图管理	(1)施工项目现场平面图管理的内容； (2)施工平面图管理工作要求
		4.2.2 场容管理	(1)场容管理的基本要求； (2)场容管理的内容； (3)施工现场入口设置； (4)5S 现场管理法
	4.3 文明施工与环境管理	4.3.1 文明施工	(1)制订文明施工方案； (2)把好过程监控关，打造优良文明施工现场
		4.3.2 ISO 14000 环境管理体系的有关规定	(1)ISO 14000 标准的构成； (2)ISO 14001 标准的特点
		4.3.3 环境因素的识别	(1)可控制的环境因素的识别； (2)可施加影响的环境影响的评价； (3)环境因素的描述； (4)环境因素识别的内容
		4.3.4 环境影响的评价与控制	(1)环境影响的评价； (2)控制措施的策划与实施
		4.3.5 园林工程施工项目环境管理	(1)园林工程施工环境保护的概念； (2)园林工程施工环境保护的基本规定； (3)园林工程施工环境保护的防治措施

【自主学习资源库】

1. 园林工程施工组织管理. 刘一平. 中国建筑工业出版社，2009.

2. 园林绿化工程施工技术. 中国风景园林学会工程分会，中国建筑业协会古建筑施工分会. 中国建筑工业出版社，2008.

3. 工程施工项目管理. 工程施工项目管理课程建设团队. 中国水利水电出版社，2011.

【自测题】

1. 施工项目现场管理工作有什么重要意义？

2. 施工项目现场平面图管理的内容和要求有哪些？

3. 施工现场出入口设置的一般要求有哪些？

4. 试述 5S 现场管理法的含义和作用。

5. 文明施工的措施有哪些？

6. 如何做好园林施工现场的环境管理工作？

7. 园林工程项目施工环境保护的具体防治措施有哪些？

单元 5

园林工程施工资源管理

【知识目标】

(1)了解园林工程施工资源在施工管理中的重要意义。

(2)熟悉劳动力、材料、机械设备、资金和技术等施工资源的内容和使用方法。

(3)掌握园林工程施工资源管理的基本知识。

【技能目标】

(1)能针对不同的项目对劳动力进行配置和优化。

(2)会填写材料申请单、例外采购审批单等表格。

(3)会填写施工日志。

【素质目标】

(1)培养合理利用与支配各类资源的能力与意识。

(2)培养处理人际关系的能力。

5.1　劳动力资源管理

5.1.1　劳动力资源管理的概念

劳动力资源是指在一定的时间和空间条件下，劳动力数量和质量的总和。

园林施工的劳动力资源管理，就是为了实现施工项目的既定目标，而采用计划、组织、指挥、监督、协调、激励和控制等有效措施和手段，充分开发和利用施工项目中劳动力资源所进行的一系列活动。

在施工中，利用行为科学，从劳动力个人的需要和行为的关系观念出发，充分激发职工的积极性。通过有计划地对人资源进行合理的调配，使人尽其才，才尽其用。

5.1.2　施工企业劳动力资源的特点

园林施工企业的工人劳动，具有露天作业、劳动强度大、季节性强等特点。

目前，园林施工企业多数采用管理技术层和生产劳务层分离的做法，即企业保留管理人员、技术人员和少数技术性强的岗位，除少数国有企业，一般不再保留成建制的劳务队伍。施工项目中标后，由企业组建的项目经理部进驻施工现场，组织项目施工实施。劳动力的解决方式：一是通过当地劳务企业提供；二是雇佣有劳务合作关系的成建制农村劳务队伍；三是在施工项目所在地直接招募当地人员充当劳务。

5.1.3　劳动力准备

1）劳动力定员

（1）劳动力定员原则

①劳动定员水平应保持先进合理　劳动定员水平是定员工作的核心问题。定员水平是指用人的数量和质量，根据项目少用人、多生产的要求，劳动定员必须贯彻先进合理的原则。所谓先进合理，是指定员水平既要先进、科学，又要切实可行。没有先进性，就会失去定员应有的作用；没有合理性，先进性也就失去了科学的基础。

②正确安排各类人员之间的比例关系　人员结构合理与否，直接影响着劳动定员的质量，因此，施工项目定员工作必须合理安排各类人员的比例关系。一是直接生产人员与非直接生产人员的比例关系。直接生产人员是施工活动中的主要力量，为保证施工的正常进行，必须保证直接生产人员的足够数量。非直接生产人员也是施工活动得以正常进行不可缺少的条件。应在加强施工管理和搞好职工服务的前提下，尽量减少非直接生产人员在劳动力总数中所占比重。二是直接生产人员内部技术工人和普通工人的比例关系。技术工人不足，不利于生产的发展；相反，普通工人过少，过多的辅助工作由技术工人承担，也会影响劳动效率的提高。三是非直接生产人员内部各类人员之间的比例关系也应合理安排。

③应做到人尽其才，人事相宜　劳动力的浪费有两种：一是对劳动力的数量使用不当，用人过多，人浮于事，造成劳动力的浪费；二是对劳动力的质量使用不当，用非所学

或降级使用劳动力等，也是对劳动力的浪费。为减少劳动力的浪费，施工项目定员时应尽可能做到合理使用劳动力，充分挖掘生产潜力，发挥每一个劳动者的生产积极性。

④劳动定员标准应保持相对稳定和不断提高　劳动定员确定后应保持相对稳定，变动过多，不利于劳动定员的贯彻执行，也会造成过大的工作量，牵涉过多的精力；但也不能固定不变，应根据生产和工作任务的变化、工艺技术的改进、生产条件和劳动组织的改善、职工素质的提高等因素，定期修订定员。

（2）劳动定额

劳动定额也称为劳动消耗定额或人工定额，是指在正常生产条件和社会平均劳动熟练程度下，为完成产品而消耗的劳动量。在园林施工中，所谓的正常生产条件是指在一定的施工组织和施工技术条件下，为完成某个单位合格项所必需的劳动消耗量的标准。目前应用的有国家定额《全国园林绿化工程定额》和地方定额（各地颁布的园林绿化工程消耗量定额）。

（3）劳动力定员的方法

在园林项目施工中，直接从事生产的劳动力定员的依据是工作任务量、劳动定额和出勤率。某一分项工程的工作量除以劳动定额乘以出勤率，则得出该分项工程所需劳动力的人数，各分项工程所需劳动力的总和即该项目工程的总工人数。

在进度计划中规定了每一分项工程的计划工期，该分项工程所需劳动力人数除以计划工期，则可以得出完成该分项工程每天需要的人数，将进度计划中某一天的各分项所需人数相加，则得出该天所需总人数。

2）劳务承包责任制

劳动力定员确定后，确定劳务队和劳务服务方式，不管是什么服务方式，都应当实行劳务承包责任制，即各种来源的劳务队通过与施工企业或其组建的项目经理部签订劳务承包合同来承包劳务。劳务承包队伍要服从安排，接受承包合同下达的施工任务书，并按要求进行施工。

根据《建设工程项目管理规范》的规定，劳务承包合同应包括以下内容：

①施工任务书；

②应提供的劳务人数，包括高峰期人数；

③进度要求及进退场时间；

④关于任务的质量、安全、环境及文明施工等方面的要求；

⑤关于任务的考核标准和方法；

⑥双方的管理责任；

⑦劳务费的计取和结算方式；

⑧奖励与处罚条款。

劳务队伍与企业或项目经理部签订合同并接受任务后，应与作业队签订劳务承包责任书，以此保证该作业队所承担的任务顺利完成。

3）劳动力优化配置注意事项

①劳动力配置是依据施工进度计划编制的劳动力需要量计划，因此，需要量计划要仔

细审核，并加以具体化，防止漏配。必要时可根据实际情况对劳动力计划进行调整。

②配置劳动力时应积极可靠，应分析采用的产量定额与目前的生产力水平是否相适应，应该让工人有超额完成的可能，以获得奖励，从而激发工人的劳动热情。

③对于新招募的工人，应进行劳动技能和等级测试，必要时在上岗前进行培训。

④尽量使作业层正在使用的劳动力和劳动队伍保持稳定，防止频繁调动。

⑤工人进行生产需要相互配合，因此，工种的配套、技术工人与普通工人的比例必须搭配适当。

⑥在不影响施工进度的前提下，尽可能均衡配置劳动力，以便于管理。尽量避免大出大进，频繁调动。

5.1.4 劳动力资源管理措施

1）劳动力动态管理

（1）劳动力动态管理的原则

①动态管理以进度计划和劳动合同为依据。

②动态管理应始终以劳动力市场为依托，允许劳动力在市场内做充分的流动。

③动态管理应以动态平衡和日常调度为手段。

④动态管理应以达到劳动力优化组合和充分调动作业人员的积极性为目的。

（2）项目经理部承担的动态管理工作

①按计划要求，向企业劳务管理部门申请派遣劳务人员，并签订合同。

②按计划和需要在施工项目中合理分配劳务人员，并下达施工任务书或承包任务书，在工人上岗前进行必要的安全生产教育。

③在项目施工过程中，根据任务变化和工程需要及时进行劳动力平衡和调整，妥善解决施工要求与劳动力数量、工种、技术能力和相互配合中存在的问题。

④按合同规定对施工质量和进度进行考核，考核合格后按时支付劳动报酬。施工任务结束，劳动报酬支付完毕，解除劳动合同。

2）劳动力培训

培训是对员工潜力的再次挖掘。培训可分为：

①岗前培训　基础培训、一般专业技能培训、特殊专业技能培训。

②继续教育培训　专业技术人员培训。

劳动力培训是确保园林施工活动正常进行，保证园林工程质量并发挥工程效益的一个重要环节。主要是指岗前培训，特别是一般专业技能培训。对于一些新技术、新工艺的应用和特殊工种，上岗前的培训就更重要。

劳动力培训主要由劳务管理部门负责进行。对于项目部自己招募的员工，根据工作需要，项目经理部自己安排上岗前的培训。

3）劳动报酬与激励机制

（1）劳动报酬

劳动报酬是劳动者付出体力或脑力劳动所得的对价，体现的是劳动者创造的社会价值。工资是劳动报酬的主要形式。工资的基本形式有计时工资和计件工资。

①计时工资　计时工资是以劳动时间作为计算劳动报酬的单位的工资形式。它具有广泛的适用性。它主要根据每一个劳动者的劳动能力来确定一定劳动时间的劳动报酬，从而只能反映劳动者可能提供的劳动量而不是实际提供的劳动量。

②计件工资　计件工资是根据劳动者完成的施工实物量来支付劳动报酬的工资形式。它能将劳动报酬与劳动成果直接联系起来。适用于比较容易确定劳动者个人生产的产品量或完成的作业量且质量便于检验的部门和工种。

目前园林施工企业采用的劳动报酬形式是计时和计件并举，有时两者结合支付。

（2）激励机制

激励就是激发和鼓励。激励机制就是在施工的人力资源管理中，采用激励的方式方法，对员工的各种需求予以不同程度的满足或限制，以此引发心理变化使人产生一种内在动力，朝有所期望的目标进行努力。激励的目的在于充分发挥人的主观能动性，激发潜能，提高工作积极性和劳动热情，从而提高企业的经济效益，个人也可增加收入。

激励要做到公平、公正，还要掌握好激励的时间和力度。激励的方式有物资激励和精神激励。

要激励发挥作用，除采用适当的激励方式外，还应具有一定的方法和技巧，针对不同情况采用不同手段，灵活运用，使激励机制更好地发挥作用。

5.2　材料管理

5.2.1　材料准备

材料准备的工作内容包括：土建材料准备、水电材料准备、绿化材料准备、构（配）件和制品加工准备等。一般施工项目，对材料的需求不仅是大量的，而且每个项目均有其特殊性。材料的好坏直接影响项目工程的成本、工程质量和景观效果。如土建材料的来源、品种、规格和质地，绿化材料的产地、品种、规格、外观形态等都会影响到工程的成本、质量和景观效果。为此，在材料准备阶段，必须做好以下工作：

1）识别重要材料和一般材料

①掌握该施工项目所需材料的品种、规格、数量、质地及外观形态要求，并识别是重要材料还是一般材料；

重要材料：直接影响最终产品关键质量特性的主材，包括苗木和种子、钢筋和水泥、装饰面材和管线材料等；对环境、职业健康安全影响重大的农药、化肥等辅助材料等。

一般材料：间接影响最终产品关键质量特性，对环境和职业健康安全影响一般的材料。

②了解上述材料的产地、质量、价格等相关信息；

③对能提供相关材料的供方进行调查、评价。

2）合格供方评价

对列入重要材料的供方，要求材料的质量保障、环保特性、安全性能要求符合国家有关法律、法规的规定，如具有必要的"合格证""植物检疫证"等；供货的组织实施能力、交货期等方面，采取调查评价、样品评价、书面能力调查、业绩评价等方法，进行评价。《合格供方评定表》见表 5-1 所列。

表 5-1　合格供方评定表

供方名称				联系人				
供方地址				初次供货时间				
主要供货品种								

合格供方评分表								
评定内容	经营证件	组织实施能力	质量保障能力	产品环保特性	产品安全性能	近两年业务量	交货及时性	总分	评审人
权数	10	20	20	10	10	20	10	100	
分值1									
分值2									
分值3									
均分									

总评分 60 分以上可列为候选的合格供方

推荐意见：

部门：　　　采购员：　　　部门经理：　　　日期：

评定结论：

分管领导：　　　日期：

3) 建立合格供方名录

评价满意的供方称为合格供方，同一材料必须具备 3 个及以上的合格供方。《合格供方名录》见表 5-2 所列。

表 5-2　合格供方名录

序号	供方名称	联系人及电话	供方地址	主要供货品种	合格初定时间	复评变更记录（年/月/日）	剔除记录
1							
2							
3							
⋮							

编制部门：　　　　　　　　　　　　编制人：

5.2.2 材料管理程序

材料管理程序如图 5-1 所示。

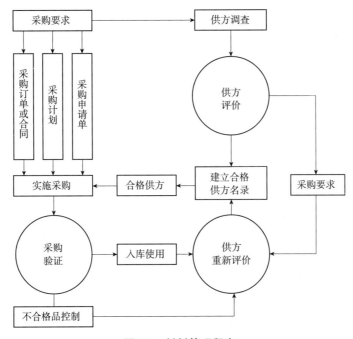

图 5-1 材料管理程序

5.2.3 材料计划管理

材料计划管理是指用计划来组织、指挥、监督、调节材料的订货、采购、运输、分配、供应、储备、使用等经济活动的管理工作。

1）材料计划管理的内容

（1）编制材料计划的原则和要求

①依据园林工程施工的实际情况认真编制，做到经济合理、切实可行；

②坚持勤俭节约和先利用库存，后订货、采购；

③坚持绿化活材料急购急用、零库存；

④要求各部门对计划进行严格审核。

（2）材料需用量计划

材料需用量计划是指完成计划期内工程任务所必需的材料用量，它是材料供应计划、材料采购计划的基础。项目开工前，项目经理部提出该项目材料需用量计划，作为供应备料依据。

（3）材料供应计划

材料供应计划是指物资部门根据材料需用量计划编制的材料具体使用计划，也是编制材料采购计划的依据。材料供应计划按供货时间不同，可分为年度、季度和月度供应计划。施工中，根据工期和进度，按使用期限提出材料的供应计划，作为送料的依据。

(4)材料采购计划

材料采购计划是指采购人员根据批准的材料供应计划编制的分期分批实施采购的计划，是保证材料按计划到场的主要措施，同时也是编制材料用款计划和签订采购合同的依据。

(5)材料用款计划

材料用款计划是为尽可能减少占用资金、合理使用有限的备料资金而制订的资金使用计划。对施工企业来说，备料资金是有限的，如何合理地使用有限资金，既保证施工的材料供应，又少占用资金，是物资部门努力追求的目标。根据采购计划编制材料用款计划，把备料控制在资金能承受的范围内，急用先备，快用多备，迅速周转，是编制物资用款计划的主要思路。

(6)材料计划的调整

由于施工任务的增减或变更设计，相应地会出现材料需用量的增减以及品种规格的变化，物资部门应根据变更后的材料需用量计划及时编制材料调整计划。

(7)材料计划的执行与检查

材料计划确定后必须严格执行，不得任意变更，要定期检查执行情况，解决存在的问题。

2)材料计划管理的任务

①根据园林工程施工项目对材料的需求，核实材料用量，了解企业内外资源情况，做好综合平衡，正确编制材料计划，保证按期、按质、按量、配套组织供应；

②贯彻节约原则，有效利用材料资源，减少库存积压和各种浪费现象，合理组织运输，加速材料周转，发挥现有材料的经济利益；

③经常监察材料计划的执行情况，及时采取措施调整计划，组织新的平衡，发挥计划的组织、指导、调节作用；

④了解核实实际供应和消耗情况，积累定额资料，总结经验教训，不断提高材料计划管理水平。

5.2.4　材料采购与验收

1)材料的采购

采购信息以技术文件、采购申请单、采购计划、采购订单、物资采购合同等方式体现，应清楚地说明对物资采购的技术规范和验收标准，以及质量、环境、职业健康安全的要求，并对采购物资的名称、品种、规格、数量、交货期、交货地点、运输方式、供应商、价格等信息做出明确的约定。

(1)采购申请单

使用部门根据施工项目的要求提出采购申请，并填写《材料采购申请单》(表5-3)。

(2)采购计划

材料采购部门根据顾客订单或合同，在对物资的需求开展市场调研的基础上，依据使用部门提交的《材料采购申请单》，在合格供方名录中，在公开竞标的基础上，择优筛选供货商，编制《材料采购计划审批表》(表5-4)，提交领导审批。

表 5-3　材料采购申请单

请购部门		请购人		主要用途				
序号	品名	单位	规格	数量	质量要求	供货时间	备注	
申报意见： 　　　　项目责任人：　　　　日期：				审核意见： 　　　　分管领导：　　　　日期：				

表 5-4　物资采购计划审批表

序号	品种	单位	数量	规格及质量要求	供货时间	拟供方	单价	合价
申报意见： 　采购员：　　日期：			审核意见： 　审核人：　　日期：			批准意见： 　批准人：　　日期：		

（3）采购订单

材料采购部门依据审批的《材料采购计划审批表》，下达《材料采购订单》（表5-5），提交供货商确认后，以此作为正式签订物资采购合同的主要依据。

（4）材料采购合同

采购部门依据材料的采购订单，拟定材料采购合同，按照公司文件控制程序的要求，组织评审，提交审核批准，办理签章手续。

（5）材料采购实施

材料采购部门依据物资采购合同或订单的约定，组织采购，送达指定地点。并按相关要求，对可能影响环境、职业健康安全的供方施加必要的影响。

（6）材料例外采购

因特殊情况造成重要材料在原有《合格供方名录》中的供方不能正常供货，而工程施工急需时，可在办理相关手续的基础上实施例外采购，填写《材料例外采购审批表》（表5-6）。

表5-5 材料采购订单

供货方				联系人及电话				
送货地点				收货人及电话				
序号	品名	规格	质量要求		单位	数量	送到单价	到货日期

环境、职业健康安全控制目标及要求：

付款方式			供方确认意见：		
采购员		日期		签名：	日期：

说明：此单作为合同签订依据，因供方不能按时供货或材料达不到质量要求，公司有权拒收，如对环境、职业健康安全造成重大影响，将索赔其相关经济损失

表5-6 材料例外采购审批表

供货方			联系人及电话		
材料使用部门			主要用途		
申请理由：					
拟购物资信息					
序号	品名	单位	数量	规格及质量要求	交货时间	单价	合价
申报意见：		审核意见：		批准意见：	
采购员： 日期		审核人： 日期		批准人： 日期	

（7）供方财产管理

对无法当场验收的，应妥善保管受其控制的供方财产，如发现供方的财产丢失、损坏或其他不适用的异常情况，应予以记录并及时报告供方，与供方协商处理。

2）材料的验收

（1）验收依据

验收依据包括：材料采购申请单、采购计划审批表、合格供方名录、例外采购审批表、送料凭证、质量保证书或产品合格证，以及验收标准等。

（2）验收内容

验收内容包括：材料的品种、规格、型号、质量、数量等。

（3）采购材料的验证

①采购苗木到达目的地后，由采购员组织材料使用人和质检员，依据验收标准和《采购计划审批表》及《合格供方名录》或《例外采购审批表》对苗木品种、规格、数量和质量要求等进行现场验证。

②对采购的种子，由采购员组织材料使用人和质检员，依据《采购计划审批表》及《合格供方名录》，对品种、规格、数量和质量要求（包括出芽率、纯净度等）予以验证。同时，抽取小样封包保存，为日后的发芽试验，提供质量索赔追溯的依据。

③对采购的化肥、农药、钢筋、水泥、装饰面材、管线材料等，由采购员组织仓库保管员或材料使用人及质检员，依据《采购计划审批表》和《合格供方名录》，对品牌、生产厂家、产品合格证及有效期予以验证。

④对加工完成的设施，责任人组织使用部门相关人员及质检员，依据《采购计划审批表》和《制作或加工合同》进行验收。

⑤对一般材料，由使用人或者仓库保管员依据《采购计划审批表》自行验证。

对以上采购材料，经验证合格，开具材料验收单，不合格按不合格品控制程序的规定进行处理。

3）不合格材料的处置

（1）标识和隔离

经检验发现不合格品时，由质检员组织相关人员立即做出明确标识或隔离，并填写《不合格品通知评审处置单》（表5-7），通知责任部门和评审人员。

责任部门对不合格品进行保管，确保处置生效前，不使用、不交付，并且由直接责任人对不合格原因进行分析。

（2）不合格品的评审

相关管理部门组织评审人员，依据材料验收标准进行评审，提出处置措施，在《不合格品通知评审处置单》上签署处置意见，报公司领导批准。处置意见有以下4种：

①返工或返修　为使不合格品符合要求而对其采取的措施；

②降级　为使不合格品符合不同于原有的要求而对其等级的改变；

③让步接收　对使用和放行不符合规定要求的产品的许可；

④报废或拒收　为避免不合格品原有的预期用途而对其采取的措施。

表 5-7 不合格品通知评审处置单

不合格品名称		不合格品分类		责任部门	
不合格品事实陈述：					
			质检员：		日期：
不合格原因分析：					
			直接责任人：		日期：
评审结论： 　1. 返工或返修 　2. 降级 　3. 让步接收 　4. 报废或拒收					
评审人员：			分管领导：		日期：
处置计划与纠正措施：					
			责任部门经理：		日期：
处置完成复检记录：					
			质检员：		日期：
纠正措施有效性评价：					
评审人员：			管理者代表：		日期：

（3）不合格品的处置

①返工或返修　对评审为返工或返修的不合格品，采购责任人督促材料供货单位返工或返修。处置完成后，由质检员重新检验，在《不合格品通知评审处置单》的复检栏中记录，复检合格的可以投入使用；复检不合格的，在复检栏中记录后，重新开具《不合格品通知评审处置单》，重新评审和验证。

②降级或让步接收　对评审为降级或让步接收的不合格品，由质检员按规定进行标识，并在《不合格品通知评审处置单》上记录，方可交付或使用。

③报废或拒收　对评审为报废或拒收的不合格品，由质检员按规定进行标识，在《不合格品通知评审处置单》上记录，并通知采购部门进行处置或退货、索赔。

5.2.5　材料保管与使用

1）材料的储存与保管

（1）现场材料的防护

必须防火、防盗、防雨、防晒、防变质、防损坏。

（2）现场材料的放置

要按平面布置图实施，做到位置正确、保管处置得当、合乎堆放保管制度。

（3）材料的盘存

要做到日清、月结、定期盘点、账实相符。

2）材料的使用管理

（1）材料领发

①凡有定额的工程用料，凭限额领料单领发；

②施工实施用料，以实施用料计划进行总监控，实行限额发料；

③超限额用料，须事先办理手续，并须注明原因，经批准后方可领发料；

④建立发料台账，记录领发料状况和节约超支情况。

（2）材料使用监督

①是否认真执行领发材料手续，记录好材料领用台账；

②是否严格执行材料配合比，合理用料；

③是否做到工完料净场地清；

④是否做到按平面图堆放，按要求保护；

⑤是否使用不合格材料等。

每次检查都要记录情况，分析原因，明确责任，及时处理。

（3）材料回收

①余料回收，及时办理退料手续；

②回收和利用废旧材料，要求实行包装回收，交旧领新，修旧利废；

③实施用料、包装物及容器，在使用周期结束后组织回收；

④建立回收台账，处理好经济关系。

（4）周转性材料现场管理

①按工程量、施工方案编报需要计划；

②按品种规格分别码放整齐；

③露天堆放应限制高度，并采取防水等保护措施。

5.3 机械设备管理

5.3.1 机械设备准备

1）机械设备分类

由于园林工程的复杂性，园林工程施工中常用的机械设备品种繁多，目前，从施工领域划分，主要有以下几类：

（1）园林土方工程

主要有：挖掘机、推土机、装载机、自卸汽车等。

(2)园路工程

主要有：碾压机、蛙式打夯机、平板震动机、震动棒、切割机、电钻机、发电机、电焊机等。

(3)园林绿化工程

主要有：挖树机、运输汽车、吊车、洒水车、油锯、电锯、绿篱修剪机、草坪割灌机、播种机、打药机、抽水机、打孔机、翻地机等。

另外，根据设备的大小不同又可分为大中型机械设备(如挖掘机、推土机、吊车、洒水车等)和小型机械设备(如蛙式打夯机、切割机、绿篱修剪机、草坪割灌机等)。

2)机械设备准备

为确保施工机械的合理使用，并保证其使用效率，应做好以下准备工作：

①根据施工要求和现场条件，合理布置机械设备；

②根据项目施工组织设计确定的机械设备需用计划，办理好租赁手续，组织好机械设备的进场顺序和时间；

③施工机械设备进场前，进行必要的检查和保养，以确保在作业中能安全运行；

④根据施工进度计划的要求，确定机械设备的作业班组和作业制度，以提高利用率；

⑤事先做好机械设备的进场准备工作，保证道路的畅通，并做好水、电、气等的供应准备。

5.3.2 施工机械设备采购与租赁

由于园林施工项目千差万别，不同的施工项目其施工内容不尽相同，因此，对施工机械设备的需求也不同。如果企业自购机械设备，可能闲置率较高，进而造成机械设备的年折旧费高于机械租赁的年租金和使用费，因此，多数园林企业除自备一些绿化施工专用的洒水车和小型的机械设备外，大型机械设备常采取租赁的方式。租赁的形式有：

①内部租赁　对于大中型园林施工企业，一般具有机械经营单位。由项目经理部向企业内部办理租赁手续，经营单位负责提供机械，并保证机械设备的正常使用。

②社会租赁　项目经理部向社会机械设备租赁单位或其他施工企业租赁机械设备。租赁期间，项目部不负责设备的操作和维修，只是按合同规定支付机械设备使用台班费或施工实物量的费用。

不管是内部租赁还是社会租赁，都应当签订租赁合同，明确双方的责任和义务，以及租赁的费用计算和支付方式。

5.3.3 施工机械设备使用与维护

1)机械设备的使用

(1)机械设备的合理使用

机械设备的合理使用，是提高机械设备的工作效率的关键，也是避免安全事故发生的源泉。为此，必须做到以下几点：

①人机固定，实行机械使用和保养责任制，也就是使用人负责保养的制度；

②机械设备操作人员，实行岗位责任制，持证上岗，并按规定做好例行保养，确保机械设备始终处于良好状态。特殊的机械设备，须按国家规定进行学习培训，并取得相应的操作许可证件才能上岗；

③机械设备不能超负荷运行和违章作业，防止设备早期磨损或发生安全事故；

④在机械作业前，项目有关的管理人员要对操作人员进行安全操作交底，其内容包括：施工要求、周围环境和场地条件，以及一些特殊要求；

⑤机械设备的管理人员，要按机械设备的安全操作规范，合理安排工作和生产，不得野蛮施工、违章作业，严禁机械设备带病作业；

⑥为机械设备创造有利条件，包括场地布置、道路畅通、夜间照明、水电供应等；

⑦根据施工组织设计，组织和协调好机械的流水作业，充分提高其利用率。

（2）园林机具操作注意事项

①将所有无关人员，特别是儿童或动物，清出操作现场。当有闲杂人员在工作现场附近时，一定要停机，以免被碰着或被抛出物伤害；

②操作园林机具，或者进行设备调试时，应穿粗底、坚固的鞋子以及紧身长袖服装，带防护眼镜。禁止长发、赤脚、穿凉鞋、穿戴多种装饰物；

③操作人员要保存良好的身体状态，不能疲劳操作；

④严禁酒后操作；

⑤切忌在园林机具运转时加注燃油和检修；

⑥要经常检查和随时紧固所使用机具的所有螺母、螺栓和螺钉，确保园林机具处于安全工作状态。

2）机械设备的保养与维修

机械设备在使用过程中，随着时间的推移，其技术状况不断退化，使用性能不断降低，最后丧失工作能力。因此，在使用过程中，要针对各部分的运转情况及时进行保养和维修，以延缓机械设备技术状况的退化，维持其正常的使用寿命。

（1）园林机具的保养

园林机具的日常维护保养，应注意以下事项：

①装燃油的容器一定要符合安全标准；

②园林设备、工具的箱盖在使用过程中不能打开；

③在启动园林设备、工具前一定要将漏在油箱外的燃油擦干净；

④机油应定期更换，如果作业环境恶劣，应加快更换机油，机油的颜色如果混浊发黑，应立即更换；

⑤连续工作25h应清理一次空气滤清器；

⑥火花塞间隙应每隔一个季节进行一次清新和调整；

⑦定期用干燥的抹布或刷子清扫汽油机。

（2）机械设备的维修

当机械设备的技术状况出现退化现象，使用性能不能满足要求时，使用者应提出维修申请，设备管理责任人应按企业规定办理维修手续，交由正规企业进行维修，切忌自行维修或交由无维修资格的店面进行维修。

5.4 资金管理

5.4.1 资金管理目标

园林工程施工项目的资金管理目标是：保证收入、节约支出、防范风险和提高经济效益。

1）保证收入

园林工程施工项目收入来源有：工程预付款或备料款、工程进度款、竣工结算款、保修金返还。工程预付款或备料款、工程进度款是收入的主要来源，特别是工程进度款，是保证收入的关键，也是施工正常进行的有力保障。为此，工程进度款的报送及结算必须做到以下几点：

（1）及时

按照合同约定，工程进度款是定期支付的（一般按月进行），项目经理部必须在规定的时间内，报送当月完成施工量及对应价款，经监理现场核实，建设方审批，方能在下个周期办理工程进度款的拨付。报送不及时，意味着进度款的拨付得延迟到下一个周期。

（2）全面

定期支付的工程进度款，除了按施工图纸进行的正常施工量部分外，还应包括经业主同意的变更部分价款，以及非承包人原因造成损失的索赔，还有建设方委托的设备或材料代购等，均应根据合同规定一并报送。

（3）准确

在进行工程进度款申报时，在保证及时和全面的基础上，还要做到准确、不漏项、不错项，实事求是，不能虚报。

（4）保证工程质量

工程质量是进度款结算的前提，如果存在工程质量缺陷，监理工程师在现场核实时，会将这部分工程量视为未完成项处理，当期工程进度款拨付时将扣除。因此，保证工程质量，对进度款的回收起到至关重要的作用。

2）节约支出

在园林工程施工过程中，直接和间接的生产费用都需要投入大量的资金，为保证资金的支付能力，对资金的使用必须精心策划，同时还要节约支出。节约支出主要从以下几方面进行：

（1）加强直接费的控制

按施工计划和消耗定额合理确定工、料、机、临时设施，以及其他直接费等的投入，加强直接费用的计划控制。

（2）控制间接费的支出

严格控制施工管理费用支出。开工前制定费用开支标准和报支手续，杜绝私费公报。利用资金的时间价值，降低财务费用的支出。

（3）提高工作效率

积极采用新材料、新技术、新工艺。在保证工程质量的前提下，提高工作效率，降低能耗，用较少的资金投入创造较大的经济价值。

3）防范风险

在园林工程施工过程中，要时刻注意发包方资金到位情况，关注其资金动态，并要求发包方按合同履约。

一旦发现发包方资金不足或不能按合同履行，而企业对于该项目的工程垫资超过原计划幅度，要立即采取措施，考虑调整方案、压缩规模，甚至暂缓施工，同时积极与发包方协商，保住项目以利于收回投资。

4）提高经济效益

（1）要管好用好资金

资金的节约可以降低财务费用，减少银行贷款利息支出。

（2）要合理使用资金

在支付工、料、机等生产费用上，要利用货币的时间价值，签订有关付款协议，坚持货比三家，在保质、保量的前提下降低价格。

（3）抓好工程量报送和结算

定期做好工程量的报送，积极回收工程进度款，做好竣工验收和移交验收，做好工程量的报送和结算，积极回收工程尾款和保修金，减少应收账款的占用。

承揽工程任务的最终目的是取得利润，只有通过精心施工，科学管理，顺利完成任务，收回工程款，企业才能赢得利润，企业再生产才能顺利进行。

5.4.2　资金收支预测和筹措

1）施工项目资金收入预测

项目资金是按合同价款收取的，有以下几项收入：

①工程预付款；②每月的工程进度款；③竣工结算款；④保修金返还。

按时间测算出价款数额，做出收入预测表，绘出项目资金按月收入图和按月累加收入图。

2）施工项目资金支出预测

根据施工组织设计、成本控制计划和材料物资供应计划，测算出随着工程的实施每月支出的数额。支出费用包括：

①人工费；②材料费；③施工机械使用费；④物资储运费；⑤临时设施费；⑥其他直接费；⑦施工管理费；⑧贷款利息；⑨不可预见费。

按时间测算出支出金额，做出支出预测表，绘出项目资金按月支出图和按月累加支出图。

对比每月收入和支出图，可以清楚地知道每月的资金状况，决定是否进行资金的筹措。

3）资金筹措

施工过程所需资金主要来源于合同收入：一是工程预付款或备料款；二是工程进度款。如果不足以应付支出，必须进行资金的筹措，筹措来源于银行贷款、企业自有资金和其他项目资金的调剂占用等。

资金筹措原则：一是充分利用自有资金；二是在经过收支对比后，按差额筹措资金，避免造成浪费；三是把利息的高低作为选择资金来源的主要标准，尽量利用低利率贷款，用自有资金也要考虑时间价值。

5.4.3 资金管理和计取

1）资金管理

园林施工项目资金管理要点，主要有以下几个方面：

①施工项目管理部要建立健全项目资金管理责任制，做到统一管理，归口负责，明确有关人员的资金管理职责和权限；

②施工项目管理部编制年度、季度、月度资金收支计划，上报企业财务部门审批后实施；

③项目经理部应按企业授权，配合企业财务部及时进行资金计取；

④项目经理部按公司下达的用款计划控制资金使用，以收定支，节约开支。应按会计制度规定设立台账，记录资金支出情况。加强财务核算，及时盘点盈亏；

⑤项目经理部应坚持做好项目的资金分析，进行计划收支与实际收支的对比，找出差错，分析原因，改进资金管理。

2）园林施工项目资金计取

园林施工项目资金计取主要包括以下几部分：

①新开项目按工程施工合同收取预付款；

②根据月度统计报表编制工程进度款结算单，在规定日期内报监理工程师审批、结算。如发包人不能如期支付工程进度款，且超过合同支付的最后期限，项目经理部可向发包人出具付款违约通知书，并按银行同期贷款利率计息；

③根据工程变更记录和证明发包人违约的材料，及时计算索赔金额，列入工程进度款结算单；

④发包人委托代购的工程设备或材料，必须签订代购合同，收取设备订货预付款或代购款；

⑤工程材料价差应按规定计算，发包人应及时确认，并与进度款一起收取；

⑥工期奖、质量奖、措施奖、不可预见费及索赔应根据施工合同规定与工程进度款同时收取；

⑦工程尾款应根据发包人认可的工程结算及时回收。

5.5 技术管理

5.5.1 技术管理内容

技术管理的内容包括：实行技术责任制，加强技术政策法规管理工作，完善各项技术管理制度，搞好技术资料与文件管理。

1) 技术责任制

技术责任制就是建立技术管理体系，按分级管理的原则，将管理职责分级落实到人，规定明确的职责范围，以达到各负其责的作用。分为以下 3 类：

（1）技术领导责任制

技术领导责任制规定了总工程师、主任工程师和技术组长的职权范围、权利关系。包括：

①全面负责本单位的技术工作和技术管理工作；

②审核和签署授权范围内的各项工程项目技术文件；

③组织编制单位的技术发展计划；

④负责技术创新和科研工作；

⑤组织会审各种设计图纸；

⑥解决工程中的关键技术问题；

⑦制定技术操作规程、技术标准和安全措施；

⑧组织技术培训，提高职工业务技术水平等。

（2）技术管理机构责任制

技术管理机构责任制规定了公司、工程管理部、项目经理部的各级技术管理机构的职责范围。包括：

①根据领导要求负责开展公司技术管理工作；制定企业技术发展规划、年度技术工作规划；

②负责公司技术标准、工作标准的编制、修订和宣传贯彻；

③负责技术交底和施工方案讨论；

④抓好现场基础管理工作，对施工项目进行动态管理等。

（3）技术管理人员责任制

技术管理人员责任制规定了各级技术管理机构中的技术人员的职责范围。包括：

①认真执行各项技术管理规定和现行标准、规程和规范；

②严格执行工程建设强制性标准、规范；

③参与项目施工组织设计的施工方案、安全技术、质量进度等措施的讨论；

④严格按项目施工组织设计组织施工；

⑤参与施工图纸会审，熟悉工程情况、园林设计意图，解决图纸矛盾，并做好记录；

⑥指导现场施工操作等。

2）技术政策法规的管理

技术政策和技术标准、规范是建立和维护正常的生产秩序和工作秩序、保证工程质量的保障。如国家或行业标准规范有：《公园设计规范》（GB 50420—2007）、《城市综合交通体系规划标准》（GB/T 51328—2018）、《城市绿地设计规范》（GB 50420—2007）、《无障碍设计规范》（GB 50763—2012）、《城市绿地分类标准》（CJJ/T 85—2017）、《园林绿化施工及验收规范》（CJJ 82—2012）、《城市古树名木保护管理办法》（中华人民共和国建设部城〔2000〕192 号）、《园林绿化木本苗》（CJ/T 24—2018）、《园林绿化工程工程量计算规范》（GB 50858—2013）、《给水排水管道工程施工及验收规范》（GB 50268—2008）、《喷灌与微灌工程技术管理规程》（SL 236—1999）、《建筑施工安全技术统一规范》（GB 50870—2013）等，以及各地地方规定规程，如《园林植物栽植技术规定》《大树移植施工技术规程》等。

3）技术管理制度的管理

成立专门的技术管理制度审核小组，对以往形成的技术标准、管理制度进行梳理，不合现状的进行修订或改写，并建立技术管理制度的制定、实施、修改等管理工作程序，对技术管理标准进行系统管理。

4）技术资料和文件管理

技术资料和文件是施工生产的过程记录，它反映工程质量水平，也反映企业施工的管理水平，是整个施工活动的一面镜子。

5.5.2　施工前技术准备

1）图纸自审

施工项目部拿到施工图纸后，施工技术负责人要组织本项目各专业施工管理人员，认真学习图纸，学习规范，对施工图纸进行审查（即自审），并按单位工程分区分片进行记录。

自审的内容有：

①各专业施工图的张数、编号与图纸目录是否相符；

②施工图纸、施工说明、设计总说明是否齐全，规定是否明确，三者有无矛盾；

③平面图所标注坐标、绝对标高与总图是否相符；

④图面上的尺寸、标高以及建（构）筑物的平、立、剖面图有无错误，平面图与大样图之间有无矛盾；

⑤绿化设计图与建筑道路等设施衔接是否合理；

⑥植物材料品种、规格有无遗漏和错误；

⑦植物材料生态适应性方面有无问题等。

2）现场踏勘

施工项目部组织各专业施工管理人员，按照图纸范围对现场进行踏勘，并记录以下情况：

①设计图纸与现场是否相符；

②现场各种管线的位置及走向；

③现场障碍物、大树的位置及影响范围；

④现场地形及土壤情况等。

3）图纸会审

施工图纸会审是设计单位向施工单位有关人员做设计交底，对建设单位和施工单位在审查图纸过程中查出的问题予以解决和研究的一次综合性会议。

施工开工前必须进行图纸会审，并按单位工程做好会审记录。同时要办理好设计变更协商记录，认真组织贯彻实施，并归档保存。

4）技术交底

技术交底是在工程正式施工前，对参与施工的有关管理人员、技术人员及施工班组的班组长交代工程情况和技术要求，使之了解工程任务的特点、设计意图、技术要求、施工工艺、工程难点、施工操作要点，以及工程质量标准的一项技术工作。

（1）技术交底的范围和要求

技术交底的范围包括整个工程施工、各分部分项工程、特殊和隐蔽工程、易发生质量事故和安全事故的工程部位和工序。

技术交底的要求是必须满足施工合同条款，施工规范标准、工艺标准及操作规程，同时做好记录，交底人和被交底人要履行全员签字手续，并归档保存。

（2）技术交底的形式

技术交底的形式有会议交底和样板交底。

①会议交底　即交底人根据设计图纸和施工组织设计事先准备好交底资料，然后召开会议进行交底；

②样板交底　即按设计图的技术要求和具体做法，在一个工作段或一个部位，由技术水平高的工人做出样板，然后照样板要求向施工班组交底。样板交底的重点是操作要领、质量标准和检验方法。

（3）技术交底的类型

技术交底应分阶段、分层次进行，其类型有3种：设计交底、一级交底和二级交底。

①设计交底　由设计单位向施工项目技术负责人进行的技术交底；

②一级交底　由施工项目技术负责人向下级施工管理人员（技术员、施工员）进行的技术交底；

③二级交底　由施工项目管理人员对工长、班组长和班组工人进行的技术交底。

（4）技术交底的内容

技术交底的内容主要包括以下几个方面：

①设计文件的依据；

②工程项目的环境概况；

③设计指导思想和预期景观效果；

④设计方案比较情况；

⑤绿化、地形塑造、铺装、给排水、假山、水景、建筑小品等的设计意图；

⑥施工时应注意的事项等。

5)施工组织设计的编制与报审

园林施工组织设计是以园林工程施工项目为对象的，用来指导园林施工项目建设全过程中各项施工活动的技术、经济、组织、协调和控制的综合性技术文件。必须按照合同要求和现场特点认真进行编写，编制完成后，交主管部门审批。

5.5.3 施工中的技术管理工作

1)施工日志(表5-8)

施工日志是园林工程整个施工阶段的施工组织管理、施工技术等有关施工活动和现场情况变化的真实的综合性记录，也是处理施工问题的备忘录，更是总结施工管理经验的基本素材。

施工日志是工程从开工到竣工整个施工过程的原始记录，应及时填写，不得胡编乱造和补写，若中途发生人员变动，应当办理交接手续，保持施工日志的连续性、完整性。

施工日志的内容可分为基本内容、工作内容、检验内容、检查内容、其他内容。

施工日志的内容包括：

①记录天气、气温、风向、风力等自然情况；

②记录停水、停电、待料等情况；

③记录定点放线的情况；

④记录地基土质和主要结构施工部位的施工情况；

⑤记录绿化工程的树穴直径、深度、客土、基肥等情况；

⑥记录主要材料特别是绿化材料的进场时间、质量情况；

⑦记录设计单位现场解决设计问题与施工图纸的修改情况；

⑧记录施工质量、机械设备事故的发生与分析处理情况；

⑨记录施工方法与采取的措施；

⑩记录有关技术领导、质检部门对工程所做的生产技术、质量等各方面的检查意见、决议或建议；

⑪记录用工种类及数量；

⑫记录工地组织的各种检查及验收情况。

2)技术复核

技术复核是施工单位在施工前或施工过程中对分部分项工程的施工质量和管理人员的工作质量自行检查复核的一项重要工作，是防止施工中差错、保证工程质量、预防质量事故发生的一项有效的技术管理制度。如复核发现差错应及时纠正，方可施工。

技术复核记录由该工程的技术员负责填写，并经质检人员和项目技术负责人签署复查意见和签字，技术复查记录必须在下一道工序施工前办理。

技术复核的必须复核的项目有：

①放线定位；

②建筑、道路、广场基槽(坑)标高、深度、坡度和尺寸；

③建(构)筑物预制构件、预埋件、预留孔；

④建(构)筑物各层的标高、轴线、断面尺寸;

⑤防水材料以及混凝土、砂浆配合比;

⑥绿化材料的品种、规格、根系情况;

⑦客土土质和种植穴槽大小;

⑧大树移植后的加固、支护等。

表 5-8 施工日志记录表

施工日志			编号		
工程项目					
施工单位					
	天气状况	风力(级)	大气温度(℃)		日平均温度(℃)
白天					
夜间					
生产情况记录(施工生产存在的问题及处理记录,安全生产及文明活动及存在的问题等):					
技术质量工作记录(技术质量活动、存在问题及处理记录等):					
项目负责人		记录人		日期	

注:此表由施工单位填写并保存。

【实践教学】

实训 5-1 图纸会审和技术交底

一、实训目的

通过对施工图纸的研读,使学生了解图纸的自审、会审过程,以及技术交底的形式。

二、材料及用具

施工图纸一套、速记本、钢笔等。

三、方法及步骤

1. 给学生发放一套施工图纸,让学生对施工图进行自审,并记录疑难问题。

2. 组织会议,对图纸进行会审。

(1)将学生分为一个设计组和若干个施工组,老师充当建设方;

(2)由设计组的学生对施工图纸进行设计交底;

（3）各施工组根据自审的记录提出疑难问题；

（4）由设计组进行解答，设计组不能解答的问题，由老师和学生一起研究解决；

（5）做好会审记录。

四、考核评估

1. 问题提出的多少及准确率。

2. 问题回答的正确率。

3. 团队合作精神。

五、作业

以小组为单位写一份图纸会审纪要。

【单元小结】

本单元主要阐述了施工资源管理的五大要素：劳动力资源管理、材料管理、机械设备管理、资金管理和技术管理的概念，明确了其具体的管理内容、原理及方法。其具体内容详见下表所列。

单元5 园林工程施工资源管理	5.1　劳动力资源管理	5.1.1　劳动力资源管理的概念	
		5.1.2　施工企业劳动力资源的特点	
		5.1.3　劳动力准备	(1)劳动力定员； (2)劳动承包责任制； (3)劳动力优化配置注意事项
		5.1.4　劳动力资源管理措施	(1)劳动力动态管理； (2)劳动力培训； (3)劳动报酬与激励机制
	5.2　材料管理	5.2.1　材料准备	(1)识别重要材料和一般材料； (2)合格供方评价； (3)建立合格供方名录
		5.2.2　材料管理程序	
		5.2.3　材料计划管理	(1)材料计划管理的内容； (2)材料计划管理的任务
		5.2.4　材料采购与验收	(1)材料的采购； (2)材料的验收； (3)不合格材料的处置
		5.2.5　材料保管与使用	(1)材料的储存与保管； (2)材料的使用管理

(续)

		5.3.1 机械设备准备	(1)机械设备分类； (2)机械设备准备
单元5 园林工程施 工资源管理	5.3 机械设备 管理	5.3.2 施工机械设备采购与租赁	
		5.3.3 施工机械设备使用与维护	(1)机械设备的使用； (2)机械设备的保养与维修
	5.4 资金管理	5.4.1 资金管理目标	(1)保证收入； (2)节约支出； (3)防范风险； (4)提高经济效益
		5.4.2 资金收支预测和筹措	(1)施工项目资金收入预测； (2)施工项目资金支出预测； (3)资金筹措
		5.4.3 资金的管理和计取	(1)资金管理； (2)园林施工项目资金计取
	5.5 技术管理	5.5.1 技术管理内容	(1)技术责任制； (2)技术政策法规的管理； (3)技术管理制度的管理； (4)技术资料和文件管理
		5.5.2 施工前技术准备	(1)图纸自审； (2)现场踏勘； (3)图纸会审； (4)技术交底； (5)施工组织设计的编制与报审
		5.5.3 施工中的技术管理工作	(1)施工日志； (2)技术复核

【自主学习资源库】

1. 项目管理 . Harold Kerzner. 杨爱华，杨磊，王增东，肖艳颖等译 . 电子工业出版社，2002.

2. 园林工程施工组织与管理 . 王萍等 . 东南大学出版社，2017.

3. 中国园林网 项目管理(施工管理)：http：//gc. yuanlin. com/HTML/List/Article/ClassList_ 24_ 1. HTML.

【自测题】

1. 劳动力资源管理有哪些措施?
2. 材料管理工作内容有哪些?该如何做好施工现场材料管理工作?
3. 机械设备的使用及维护应注意哪些问题?
4. 园林工程项目的资金计取有哪些内容?
5. 园林工程施工技术准备工作有哪些?
6. 施工日志应如何填写?应记录哪些内容?

单元 6

园林工程施工进度管理

【知识目标】

(1)了解施工进度管理的概念、过程及影响施工进度管理的因素。

(2)熟悉施工进度管理的目的和任务。

(3)熟悉进度计划的表达形式及特点，掌握进度计划的检查方法和检查内容。

(4)掌握进度计划的控制措施。

【技能目标】

(1)能对进度计划检查结果进行分析判断。

(2)能根据对进度计划检查的分析判断，进行合理调整。

【素质目标】

(1)培养时间观念，融入成本意识。

(2)培养责任意识。

6.1 施工进度管理概述

6.1.1 施工进度管理的定义

施工项目经理部根据合同规定的工期要求编制施工进度计划，并以此作为管理的目标，对施工的全过程经常进行检查、对照、分析，及时发现实施中的偏差，采取有效措施，调整园林工程施工进度计划，排除干扰，保证工期目标的实现。

施工进度管理的目的就是确保项目按既定工期目标实现，或是在保证项目质量并不因此而增加项目实际成本的条件下，适当缩短项目工期。

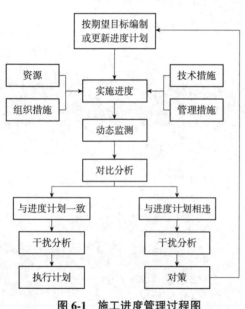

图 6-1　施工进度管理过程图

6.1.2 施工进度管理的过程

施工进度管理是项目管理中的重要内容之一，有效进行施工进度管理的关键是监控实际进度。首先对施工的各个环节进行分解，按施工的逻辑进行合理安排，以反映施工顺序和各阶段工程面貌及完成情况，然后确定各个工序所需的时间，并根据逻辑关系绘制施工进度计划横道图或者网络计划图。在项目实施的过程中，根据该计划对施工进度进行控制，经常检查项目的实际进度，并将其与进度计划相比较，若出现偏差，则应分析产生的原因及对工期的影响程度，以确定必要的调整措施，更新原计划。这一过程不断循环，直至项目完成。施工进度管理过程如图 6-1 所示。

6.1.3 影响园林工程施工进度的因素

园林工程施工项目，尤其是大型园林工程施工项目，往往工期较长，施工环境复杂，影响园林工程项目施工进度的因素很多，编制和执行施工进度计划时，必须充分认识和估计这些因素，出现偏差时，首先要从以下因素中分析原因：

1) 相关单位的影响

业主单位、出资单位、设计单位、施工单位、物资供应单位、政府相关部门以及运输、通信、供电部门，以及社会团体等单位都可能对项目施工进度造成影响，其中设计图样送交不及时或有错误，有关部门或业主变动设计方案是经常发生的情况，也是影响最大的因素。资金、材料、设备等供应不及时，材料质量、计划不符合要求等因素，也是影响项目施工进度的常见因素。另外，社会相关团体，如环保组织，也会对施工进度产生影响。

2）施工环境条件的变化

在项目施工中，工程地质条件、水文条件、气候条件、人文条件等与勘察设计和预计的不相符合，如突现的溶洞、断层、软弱地基、恶劣的气候以及周围居民闹事等，都可能对工程造成破坏或临时停工，从而影响施工进度。

3）技术的失误

因采用技术措施不当而发生技术事故，特别是采用新材料、新工艺、新结构缺乏经验等都将影响施工进度。

4）施工组织管理不当

如流水施工组织不合理、施工平面布置不合理、资源调配不合理等都将影响施工进度。

5）意外风险的发生

影响工程项目进度的风险因素包括自然的和人为的，如地震、火山爆发、洪水、泥石流、战争、火灾等，有些可以在项目实施前加以识别，有些不能识别，当意外风险发生时，都将对项目进度产生影响。

6.2　进度控制

进度控制是指根据进度总目标及资源优化配置的原则，编制最优的施工进度计划，然后在进度计划的实施过程中经常检查实际进度是否按计划要求进行，对出现的偏差情况进行分析，采取补救措施或调整原计划后再付诸实施，如此循环，直到建设工程竣工验收交付使用。

6.2.1　进度控制原理

1）动态控制原理

项目进度控制是随着项目的进行而不断进行的，它是一个动态过程，也是一个循环进行的过程。从项目开始，实际进度就进入了运行的轨迹，也就是计划进入了执行的轨迹。实际进度按计划进行时，实际符合计划，计划的实现就有保证；实际进度与进度计划不一致时，就产生了偏差，若不采取措施加以处理，工期目标就有可能不能实现。因此，当产生偏差时，就应分析偏差的原因，采取措施，调整计划，使实际进度与计划进度在新的起点上重合，并尽量使项目按调整后的计划继续进行。但在新的因素干扰下，又有可能产生新的偏差，又需继续按上述方法进行控制。进度控制就是采用这种动态循环的控制过程。

2）系统原理

进行项目的进度控制，首先应编制项目的各种计划，包括进度计划、资源计划等，计划的对象由大到小，计划的内容从粗到细，形成了项目的计划系统。项目涉及各个相关主体、各类不同人员，这就需要建立组织体系，形成一个完整的项目实施组织系统。为了保证项目进度，自上而下都应设有专门的职能部门或人员负责项目的检查、统计、分析、调整等工作。当然，不同的人员负有不同的进度控制责任，应分工协作，形成一个纵横相连的项目进度控制系统。所以，无论是控制对象，还是控制主体，无论是进度计划，还是控制活动都是一个完整的系统。进度控制实际上就是用系统的理论和方法解决系统问题。

3）封闭循环原理

项目进度控制的全过程是一种循环性的例行活动，其活动包括编制计划，实施计划，检查、比较与分析，确定调整措施，修改计划，从而形成一个封闭的循环系统。进度控制过程就是这种封闭循环不断运行的过程。

4）信息原理

信息是项目进度控制的依据。项目进度计划的信息从上到下传递到项目实施相关人员，以使计划得以贯彻落实，而项目实际进度信息则自下而上反馈到各有关部门和人员，以供分析、决策和调整，以使进度计划仍能符合预定工期目标。这就需要建立信息系统，以便不断地进行信息的传递和反馈。因此，项目进度控制的过程也是一个信息传递和反馈的过程。

5）弹性原理

项目一般工期长且影响因素多。这就要求计划编制人员能根据统计经验，估计各种因素的影响程度和出现的可能性，并在确定进度目标时进行目标的风险分析，使进度计划留有余地，使计划具有一定的弹性。在进行项目进度控制时，可以利用这些弹性，缩短工作的持续时间或改变工作之间的搭接关系，以便最终能实现项目的工期目标。

6）网络计划技术原理

网络计划技术不仅可以用于编制进度计划，而且可以用于计划的优化、管理和控制。网络计划技术是一种科学、有效的进度管理方法，是项目进度控制特别是复杂项目进度控制的完整计划管理和分析计算的理论基础。

6.2.2　进度控制的方法和管理措施

1）进度控制的方法

园林工程进度控制的方法主要有规划、控制和协调。

（1）规划

规划是指确定项目施工总进度目标和分进度目标，并编制其进度计划的过程。

（2）控制

控制是指在项目实施的全过程中，进行施工实际进度与计划进度的比较，当出现偏差时采取措施及时予以调整的过程。

（3）协调

协调是指与项目进度有关的单位、部门以及施工队（组）之间的进度关系进行协商的过程。

2）进度控制的措施

（1）组织措施

组织措施主要包括建立进度控制组织系统，确定项目各级进度控制人员，明确各部门（人员）的具体任务和工作责任，建立控制目标体系，确定进度控制工作制度，分析和预测影响项目进度的因素等。

（2）技术措施

施工项目进度的技术措施，涉及对实现进度目标有利的设计技术和施工技术的选用。主要指为加快项目进度所采用的具体技术方法，如网络优化，采用新工艺、新材料等。

（3）合同措施

合同措施主要是指对分包单位的合同工期与相关进度目标的协调与控制。

（4）经济措施

经济措施主要是指进度计划完成的资金保障措施。涉及资金需求计划、资金供应条件和经济激励措施等。

（5）信息管理措施

信息管理措施是指不断收集、整理、统计项目实际进度的资料，并通过与计划进度相比较找出差错的措施。

6.2.3 园林工程施工进度计划的编制

施工进度计划一般由项目工程部计划员专职负责，进度计划编制完毕后通过项目技术负责人审核，由项目经理审批后执行，进度计划编制的好坏对工程的建设有着绝对的影响。

施工计划编制的主要步骤是：将整体工程分解为若干个单项工程；根据工程量清单核算单项工程的工程量；计算单项工程所需资源量；对单项工程进行施工排序；确定各施工工期；绘制进度图等。施工进度计划按照进度控制的范围和内容不同，可以分为施工总进度计划、单位工程进度计划、资源需要量计划等。

1）编制施工进度计划的依据和原则

（1）编制施工进度计划的依据

①业主提供的总平面图，单位工程施工图，地质、地形图，工艺设计图，以及要采用的各种标准图等图纸及技术资料；

②施工总工期要求以及开工、竣工的日期；

③施工条件、劳动力、材料、构件及机械的供应情况，分包单位情况等；

④重要的分部（分项）工程的施工方案，包括施工顺序、施工段划分、施工起点流向、施工方法及质量安全措施；

⑤劳动定额及机械台班定额；

⑥招标文件中的其他要求。

（2）编制施工进度计划的原则

①科学合理原则　施工进度计划的编制必须考虑现实与可能，制定的目标必须是可以达到并有可能实现的，不能抛弃现实施工条件、环境来盲目编制施工进度计划。

②动态编制原则　施工进度计划的编制是一个动态过程，它随客观因素的变化而变化，在施工中进展情况的信息要及时反馈，进度控制部门要及时调整与修正原计划，使之更符合施工的实际情况。

③有序编制原则　在整体施工顺序编排上，要遵循先全场性工程、后单项工程，先地下、后地上，先土建、后设备安装、再绿化的顺序排列，并使其相互衔接。

④讲究效益原则　在确定分部(分项)工程施工顺序时,既要注意使之符合施工工艺要求,又要讲究经济效益,要将质量、成本、工期有机结合起来,统筹考虑。

⑤流水作业原则　编制施工进度计划要始终体现施工流水作业的思想,以便于用施工流水作业方法组织施工。

总之,在编制进度计划时,首先,要求实,必须是有可能实现的,同时必须得到项目经理及参加项目施工的各单位和各部门的支持和配合。其次,要讲究效益、质量、工期进度的统筹,防止片面追求进度而损害工程质量、过高增加施工成本。最后,编制施工进度计划是动态过程,要注意施工进展情况的及时反馈和计划的及时调整、修正。

2)施工总进度计划的编制

施工总进度计划就是根据施工部署中的施工方案和项目展开程序,对所有工程项目做出时间上的安排。施工总进度计划的作用在于确定准备工作以及各分部(分项)工程等的施工期限、开工和竣工的日期,并据此确定资源需要的数量和调配情况等。其具体编制步骤如下:

(1)列出工程项目展开表并逐项计算工程量

按照分期分批投产的顺序和工程开展程序列出工程项目一览表,明确每个交工系统中的主要工程项目。在此基础上,按工程的开展顺序、按单位工程计算主要实物工程量。计算工程量,可按初步或扩大初步设计图纸并根据各种定额手册进行计算。

(2)确定各单项工程的施工期限

根据各施工单位的具体条件,并综合考虑施工项目的具体情况,确定施工期限。此外,也可参考有关的工期定额来确定各单位工程的施工期限。

(3)确定各单项工程的开工、竣工时间和相互搭接关系

这是非常关键的一步,具体操作中要灵活运用以下方法:

①保证重点,兼顾一般　在安排进度时,要分清主次、抓住重点,同时进行的项目不宜过多,以免分散有限的人力、物力。

②满足连续、均衡施工的要求　在安排施工进度时,应尽量使各工种的施工人员、施工机械在全工地连续施工,同时,尽量使劳动力、施工机具和物资消耗量在全工地达到均衡。此外,可留出一些后备项目,如宿舍、临时设施等,作为调节项目穿插在主要项目的流水中。

③满足生产工艺要求　要根据工艺所确定的分期分批建设方案,合理安排施工顺序,使土建施工、设施安装、绿化施工实现"一条龙"建设,以缩短建设周期。

④满足生命体的物候期要求　在园林工程项目施工中,与其他工程施工最大的区别在于植物的种植,甚至动物的养殖,因为它们是活的生命体,针对其进行的施工或提供设施的时间必须满足动植物物候期的要求。

⑤充分考虑施工的空间关系　各建筑物、构筑物、机械等的布置应尽量紧凑,以合理降低成本、提高效率,但过分密集也容易使场内运输、材料堆放和设备组装等发生困难。为此,除采取一定的技术措施合理安排空间层外,还需对相邻各建(构)筑物的开工时间和施工顺序进行合理搭配,以避免或减少相互之间的影响。

⑥全面考虑各种条件限制　在确定各建(构)筑物施工顺序时，应考虑各种客观条件的限制，如施工企业的施工力量，各种原材料、机械设备的供应情况，设计单位提供图纸的时间、季节及环境影响等，并据此对各建(构)筑物的开工时间和先后顺序予以调整。

(4)编制施工总进度计划表

施工总进度计划一般用横道图或网络图表达。由于施工总进度计划只是起宏观控制性作用，因此不必编制得过细。

3)单位工程施工进度计划的编制

单位工程施工进度计划就是在选定施工方案的基础上，对单位工程各施工过程的顺序、持续时间及相互搭接关系的安排。单位工程施工进度计划直接反映了投标单位施工技术水平和管理水平的高低，是施工单位取得较高质量和较好经济效益的基本保证。其编制的一般步骤为：

(1)划分施工过程

编制施工进度计划时，首先应按照施工图和施工顺序将各个施工过程列出，包括从准备工作直到交付使用的所有土建、设施安装、绿化等工程。具体方法根据对进度计划的需要不同而不同，一般控制性进度计划的划分可较粗，仅列出分部工程即可，实施性进度计划的划分则应较细。另外，施工过程的划分要结合施工条件、施工方法和劳动组织等因素来进行，凡在同一时期可由同一施工队完成的若干施工过程可以合并，否则应单列，凡是次要零星项目，都可合并为"其他工程"，凡水电设施安装、假山工程、古建园林、雕塑等由专业施工队负责的工程，在施工进度计划中可只列出项目名称并标明起止时间。

(2)计算工程量、查出相应定额

工程量的计算应根据施工图和工程量计算规定，结合选定的施工方法和安全技术要求分区、分段、分层进行，计算时应注意工程量的单位与现行定额手册中所规定的单位要一致，以方便在定额手册中查出相应的定额。

(3)确定劳动量和机械台班数量(P)

根据计算出的各分部(分项)的工程量(Q)和查出的时间定额(H)或产量定额(S)，利用 $P = Q/S$ 或 $P = Q \times H$ 公式计算出各施工过程的劳动量或机械台班数。

(4)确定各施工过程的天数

在立足各分项工程中各班组的每个工人都有足够的工作面、能发挥高效率和保证施工安全的前提下，确定每班工人人数和机械台数，据此可确定各施工过程的天数。在安排班次时一般采用一班制，如工期要求紧，可通过采用二班或三班制来加快施工速度和充分利用施工机械，不可避免的是，这将带来施工成本的增加和资源供应的压力。

(5)编制施工进度计划草案

编制施工进度计划的关键在于确定各分部(分项)工程的施工顺序和施工天数。首先应按照流水施工的原则，力求主导工程保持连续施工；其次，在满足安全生产、工艺和工期要求的前提下，应尽可能使最大多数工作能平行地进行；最后，要使各个工作队的工作尽最大可能地衔接起来，既不相互影响，又不出现断层，互相支撑以形成整体的高效。

（6）施工进度计划的检查与调整

对施工进度计划草案要进行全面检查：一是检查各施工过程的施工顺序、平行搭接和组织间歇、技术间歇是否合理；二是检查编制的工期能否满足合同规定的工期要求；三是检查劳动力及物资供应方面能否满足连续、均衡施工的要求。通过检查和初步调整，要使不满足变为满足，使一般满足变成优化满足。

调整的一般方法有：

①增加或缩短某些分项工程的施工时间；

②在施工顺序允许的条件下，将某些分项工程的施工时间向前或向后移动；

③必要时改变施工方法或施工组织。

总之，通过调整，除了要使工期满足合同要求外，还要使劳动力、材料和设备等资源需要量在总体工期内趋向均衡，主要施工机械的使用合理、高效。

4）资源需要量计划的编制

资源供应及时是施工进度控制的基础，由于园林工程项目施工是集建筑、掇山、理水、铺地、绿化、景观照明等为一体的综合性园林工程施工，涉及多工种施工人员的需求、多用途材料的需求、动植物生命体的需求等，因此，其资源需要量计划的编制显得尤为重要。资源需要量计划主要包括：劳动力需要量计划、主要材料需要量计划、主要施工机具、设备需要量计划。

（1）劳动力需要量计划

劳动力需要量计划是确定临时生活设施和组织施工工人进场的依据。施工进度确定之后，可以容易地计算出各个施工项目每天所需的各工种人工数量。将同一天所有施工项目需用的人工数量累加起来，即可找到劳动力需要量与施工期限之间的关系，从而编制出劳动力需用量计划表见表 6-1 所列。

表 6-1　劳动力需要量计划表

序号	工种	年度					年度					备注
		一季度	二季度	三季度	四季度	合计	一季度	二季度	三季度	四季度	合计	
1	2	3	4	5	6	7	8	9	10	11	12	13

编制：_____　　　　复核：_____

（2）主要材料需要量计划

主要材料是指钢材、木材、水泥、沥青、石灰、砂、石料（碎石、块石、砾石等）、植物材料、肥料、爆破材料等。编制主要材料计划时先要按照工程量和定额进行需要量计算，然后根据施工项目的施工进度编制年、季、月的主要材料计划表。

主要材料计划是组织运输和筹建工地仓库的依据，计划的主要内容应包括施工需用的各种主要材料、构件、半成品等的名称、规格、数量以及其来源和运输方式等，见表 6-2 所列。

表 6-2　主要材料需要量计划表

序号	材料名称	材料规格	单位	来源	运输方式	一季度	二季度	三季度	四季度	合计	备注
1	2	3	4	5	6	7	8	9	10	11	12

编制：_____　　　　　　　　　复核：_____

（3）主要施工机具、设备需要量计划

编制主要施工设备、机具计划是配合施工、确保进度正常的需要，是根据已确定的施工进度计划，对每个项目采用的施工机械的种类、规格、需要量以及使用的具体日期等的综合，见表 6-3 所列。

表 6-3　主要设备、机具需要量计划表

序号	设备名称及规格	数量		使用期限		年度								备注
		台班	台	开始日期	结束时间	一季度		二季度		三季度		四季度		
						台班	台	台班	台	台班	台	台班	台	
1	2	3	4	5	6	7	8	9	10	11	12	13	14	15

编制：_____　　　　　　　　　复核：_____

5）施工作业计划的编制

施工作业计划是施工计划管理的重要组成部分，是指施工单位为合理地组织单位工程、确保工期而编制的多工种协作，在一定时期内共同完成施工任务的具体实施性计划。它比进度计划更全面、具体和可行，它既是施工总进度计划实施的必要手段，又是编制一定时期内资源供应计划的依据。

（1）施工作业计划的内容

施工作业计划可分为月度计划和旬计划。月度计划是基层施工单位计划管理的中心环节，现场的一切施工活动，都是围绕保证月度计划的完成进行的。其主要内容有：月度施工进度计划（包括施工项目、作业内容、工程形象进度、主要实物工程量）、各项资源需要量计划（包括劳动力、机具、材料、预制构配件、加工订货等需要量计划）、技术组织措施（包括提高劳动生产率、降低成本、保证质量与安全，以及季节性施工所应采取的各项技术组织措施）、完成月计划各项指标分解表（包括应完成的工作量指标、人均劳动生产率指标、质量优良率指标等）。

旬计划是月度计划的具体化，是为实现月度计划而下达到班组的工种工程旬分日计划。由于旬计划的时间比较短，因此应简化编制，一般可只编制进度计划，其余计划如无特殊要求可省略。

（2）施工作业计划的编制原则

①计划安排要贯彻日保旬、旬保月、月保季、季保年的精神，确保年度、季度计划的按期完成；

②严格遵守施工程序，要按照施工组织设计中确定的施工顺序或施工方法执行，不准随意改变。未经施工准备，不具备开工条件的工程，不准列入计划；

③合理利用工作面，组织多工种均衡施工；

④制定的各项指标必须既积极、优化，又实事求是，并适当留有余地。

（3）施工作业计划的编制程序

施工作业计划由指挥施工的领导者、专业计划人员和主要施工班组骨干共同编制，编制施工作业计划应遵循如下程序：

①根据季度计划的分月指标和合同要求，结合上月实际完成情况，制定月度施工项目计划初步指标；

②根据单位工程施工进度计划、建筑工程预算以及月度计划的初步指标，计算施工项目相应部位的实物工程量、建安工作量，以及劳动力、材料、设备等资源需要量；

③对照图纸、资源供应条件、施工准备和技术经济条件，检查、调整初步指标，确定月度施工项目计划正式指标；

④根据正式的月度计划指标和单位工程施工进度计划中的相应部分，编制月度施工进度计划，确保连续、均衡施工；

⑤编制月度资源需要量计划；

⑥根据月度施工进度计划，编制旬施工进度计划，把月度计划的各项指标落实到专业施工队和班组；

⑦编制技术组织措施计划；

⑧签发施工任务书。

6.2.4 园林工程施工进度计划的实施

1）实施前的准备

为了保证园林工程各进度目标的实现，在具体实施施工进度计划前，应做好以下工作：

（1）检查各层次进度计划

项目的各层次进度计划都是围绕总计划来编制的，它们共同构成了项目严密的计划保证体系。各层次进度计划间的关系是：高层次计划是低层次计划编制的依据，低层次计划是高层次计划的具体化，它们共同服从于项目进度总目标。检查各层次进度计划，就是要确定计划目标是否已得到层层分解，各计划之间是否协调一致、相互衔接。

（2）签订施工承包合同，下达施工任务书

施工项目经理与施工队间要对照计划目标，签订施工承包合同，以明确工期、分别承担的经济责任、享有的权利等。对作业班组要下达施工任务书，以明确其具体的施工任务、要采用的技术措施、质量要求等。

（3）技术交底

进度计划的实现必须依靠全体人员的共同努力，因此，在进度计划实施前必须进行技术交底，可以根据计划的范围，采取召开全体人员会议、代表会议或生产会议的形式完成技术交底工作。

2）园林工程项目施工进度计划的实施

（1）编制月（旬）作业计划

在月（旬）作业计划中要明确本月（旬）应完成的任务，所需要的各种资源量以及提高劳动效率、确保质量和厉行节约的措施。

（2）签发施工任务书

施工任务书是向班组下达任务、实行责任承包、全面管理的综合性指令文件，是计划和实施的纽带，作业计划通过签发每一项具体的施工任务书的形式得以落实，施工班组必须认真加以完成。

（3）记录施工进度

施工进度记录是统计、检查、分析施工进度的依据，各级进度计划的执行者都要认真、准确地加以记载，记载计划执行中每项工作的开工日期、工作进程和完成日期。

（4）调度、协调施工进度

调度和协调的主要任务是通过掌握计划实施的实际情况来协调各方面关系，排除各种矛盾，加强各个薄弱环节，目标是实现动态平衡。

6.2.5 园林工程施工进度计划的检查与调整

1）园林工程施工进度计划的检查

①跟踪检查施工进度　跟踪检查施工实际进度是施工进度控制的关键措施，目的是收集实际施工进度的有关数据，收集数据的时间和质量将直接影响施工进度控制工作的效果。根据施工项目的类型、规模、施工条件、对进度的要求等因素，通常将跟踪检查施工进度的时间间隔定为每月、半月、旬或每周，特殊情况下可临时缩短检查间隔，甚至每日一次或驻现场督查。为了保证数据的准确性，进度数据除了来源于进度报表、进度汇报外，进度控制人员还必须经常到施工现场查看施工实际进度情况。

②整理、统计检查数据　一般可以按实物工程量、工作量、劳动消耗量以及它们的累计百分比进行整理和统计，形成与计划进度相同的量纲，以方便比较。

③比较进度差距　比较施工实际进度与计划进度的方法主要有横道图比较法、S 形曲线比较法、香蕉形曲线比较法、前锋线比较法和列表比较法等。通过比较可以得出实际进度与计划进度是否一致，超前还是拖后。园林工程项目进度控制中比较常用的是横道图比较法，该方法是将实际进度数据经整理后直接用不同的横道线并列标于原计划的横道线处，然后连接各工作点画出前锋线以进行直观比较的方法。若前锋线为直线，则表示到检查点处进度正常；若前锋线为凹凸线，则表示到检查点处进度出现异常，其中，左凸表示进度滞后，右凸表示进度超前，两者均属异常，见表6-4所列。

④形成进度控制报告　进度控制报告是由计划负责人或进度管理人员就检查比较的结果、有关施工进度的现状和发展趋势编写的书面报告。进度控制报告一般分为项目概要级、项目管理级和业务管理级 3 类。概要级、项目管理级进度报告是以整个施工项目为对象说明进度计划执行情况的报告，主要供项目经理、企业经理以及建设单位或业主了解施工进度情况使用。业务管理级的进度报告是以某个重点部位或重点问题为对象编写的报告，

表 6-4　某工程第四周末进度计划检查表

序号	施工过程	时间								
		1周	2周	3周	4周	5周	6周	7周	8周	9周
1	A									
2	B									
3	C									
4	D									
5	E									
6	F									
7	G									
8	H									

前锋线

是供项目管理者及各业务部门为其采取应急措施时使用的。进度控制报告一般与进度检查时间相协调，可按月、旬、周等间隔时间编写上报。

2）园林工程施工进度计划的调整

进度延迟在工程项目实施过程中是经常发生的现象，在各层次的项目单元、各个项目阶段都有可能出现，究其原因，主要有以下几种情况：

一是计划失误，如计划编制得过于乐观，或计划编制时遗漏了部分工作，或对资源的稀缺性考虑不足等；

二是合同变更，如工作量的变化、外界对项目新的要求或限制等；

三是管理失误，如项目队伍内部和项目干系人沟通、协调不够，或设计工作没能及时完成，或物资供应不及时等；

四是技术层面原因；

五是发生不可抗力的事件。

要确保园林工程施工进度计划的实现，除了应在事前加强关键路线、生产要素配置、工序控制的管理外，还要及时通过事后调整来加以控制、纠偏。当进度偏差较小时，应在分析其产生原因的基础上采取有效措施排除障碍，继续执行原进度计划。当进度偏差较大致使原进度计划不易实现时，应对原进度计划进行适时调整，并以新形成的进度计划作为进度控制的依据。进度计划调整的主要方法有：

（1）针对引起进度拖延的原因采取措施

它的目的是消除或降低它的影响，并防止它继续造成延迟或造成更大的延迟。计划不周（错误）、管理失误等原因造成的延迟，可采用此方法。

（2）组织平行作业

这是在不改变工作的持续时间情况下将前后顺序工作改为平行工作，改变工作的开始时间和完成时间，从而改变施工进度的方法。此方法会增加单位时间内的资源需求量。

（3）压缩关键工作的持续时间

这是通过压缩关键路线上关键工作的持续时间来缩短工期的方法。在一个网络图中，关键路线是从起始点到终点由时差为零的关键活动所组成的最长路线，要想缩短整个项目的工期必须在关键路线上想办法，即采取措施缩短关键路线上的作业时间，具体有：

①组织措施　即通过增加劳动力、增加作业班次、增加机械数量、增加工作时间等来加快关键活动的进度，缩短关键路线的总体作业时间，但此方法必然带来施工成本的增加；

②技术措施　如采用先进的施工工艺、施工技术、施工机械、新的施工材料等，此方法可能存在一定的风险；

③其他措施　如加强协作配合、改善劳动条件、实行奖惩制度等。

（4）压缩工程范围

在征得业主同意的情况下，减少工作量或删除一些工作包（或分项工程），但不能由此影响工程整体的功能，也不得大幅度降低工程质量。

（5）实行外包

让更专业的公司以更快的速度完成部分分项工程。

总之，进度控制是一项综合性的工作。如果项目实际进度落后于计划进度，那么为了使项目按计划进度进行，往往需要大幅度提高项目成本、缩小工作范围、降低质量标准。这可能会危害到整个项目目标的各个因素，如范围、预算、进度和质量等。在大多数情况下，如果需要采取赶工措施，则应在成本增加与范围缩小之间进行权衡。

6.3　施工组织方式

施工组织方式是指施工组织中具体的作业方式，重点是解决施工工作面上施工力量的设计问题，反映的是施工组织配置，特别是施工人力资源、施工机械设备、施工材料的技术优化，使各施工工序科学合理搭接。施工作业组织方式有 4 种：依次施工、平行施工、交叉施工和流水施工。

6.3.1　依次施工

依次施工也称顺序施工，将拟建工程项目的整个建造过程分解成若干个施工过程，按照一定的施工顺序，前一个施工过程（或工序或一栋房屋）完工后才开始下一施工过程，一个过程紧接着一个过程依次施工下去，直至完成全部施工过程。它是一种最基本的、最原始的施工组织方式。其特点如下：

①现场作业单一，施工现场的组织、管理比较简单；

②单位时间内投入的资源量比较少，有利于资源供应的组织工作；

③不能充分地利用工作面去争取时间，工期长；

④各专业施工队不能连续施工，产生窝工现象；

⑤不利于均衡组织施工。

6.3.2 平行施工

平行施工是指工程对象的所有施工过程同时投入作业的一种施工组织方式，也指几个相同的工作队，在同一时间、不同的空间上进行施工的组织方式。其特点如下：

①充分地利用了工作面，工期短；

②单位时间投入施工的资源量成倍增长，现场临时设施也相应增加；

③存在交叉作业，有逻辑关系的施工过程之间不能组织平行施工；

④工作队及其工人不能连续作业；

⑤施工现场组织、管理复杂。

6.3.3 交叉施工

交叉施工是对同一施工班组而言，即同一施工班组在同一工作面上或就近在不同工作面上在同一时间内进行不同工序施工的方式。一般用于加快施工进度、保证工期，某些施工工序需要一定时间保养，在保养期间其他施工工序可先进行施工，当保养期满再回头进入下道工序施工，如此交叉进行。其特点如下：

①节约劳动资源，优化施工工段；

②较合理组织工作面，利于节约施工时间；

③对施工班组人力技术水平要求高，员工要能进行多道工序作业施工；

④工人劳动量比较大，施工机械设备必须跟着流转。

6.3.4 流水施工

流水施工为工程项目组织实施的一种管理形式，就是由固定组织的工人在若干个工作性质相同的施工环境中依次连续地工作的一种施工组织方法。其特点如下：

①科学地利用了工作面，争取了时间，总工期趋于合理；

②工作队及其工人实现了专业化生产，有利于改进操作技术，可以保证工程质量和提高劳动生产率；

③工作队及其工人能够连续作业，相邻两个专业工作队之间，可实现合理搭接；

④每天投入的资源量较为均衡，有利于资源供应的组织工作；

⑤为现场文明施工和科学管理创造了有利条件。

【实践教学】

实训 6-1 横道图计划编制

一、实训目的

使学生熟悉施工组织设计和单位工程进度计划的编制内容，掌握施工进度计划的常用表达方式，丰富实践教学内容。

二、材料及用具

笔记本、笔、尺子、计算器等。

三、方法及步骤

1. 了解单位工程的施工大概进度计划，各工作时间、逻辑关系。

2. 编制横道图计划，横向表示进度并与时间相对应，纵向表示工作内容。(每一水平横道线显示每项工作的开始和结束时间，每一横道的长度表示该项工作的持续时间。根据项目计划的需要，度量项目进度的时间单位可以用月、旬、周或天表示)

3. 计划完成后检查看下各工作顺序、工期是否合理，不合理注意调整。

四、考核评估

1. 表达形式是否直观。

2. 进度信息是否简单明了。

3. 工序之间的逻辑关系是否大概表达清楚。

五、作业

在老师指导下，每位同学根据所在实习项目或某个案例的单位工程主体分部工程的施工情况编制施工进度横道图计划。

【单元小结】

本单元讲述了施工进度管理的定义、过程及影响因素，明确了进度控制的原理、方法和措施，进度计划的编制，计划的实施、检查和控制，指出了施工组织的各种方式及优缺点。具体内容见下表所列。

		6.1.1　施工进度管理的定义	
单元 6 园林工程施工进度管理	6.1　施工进度管理概述	6.1.2　施工进度管理的过程	合理安排→绘制施工进度计划横道图或者网络计划图→进度情况检查→对比分析→调整措施。这一过程不断循环，直至项目完成
		6.1.3　影响园林工程施工进度的因素	(1)相关单位的影响； (2)施工环境条件的变化； (3)技术的失误； (4)施工组织管理不当； (5)意外风险的发生
	6.2　进度控制	6.2.1　进度控制原理	(1)动态控制原理； (2)系统原理； (3)封闭循环原理； (4)信息原理； (5)弹性原理； (6)网络计划技术原理

（续）

单元6 园林工程施 工进度管理	6.2 进度控制	6.2.2 进度控制的方法和管理措施	(1)进度控制的方法：规划、控制和协调； (2)进度控制的措施：组织措施、技术措施、合同措施、经济措施和信息管理措施
		6.2.3 园林工程施工进度计划的编制	(1)编制施工进度计划的依据和原则； (2)施工总进度计划的编制； (3)单位工程施工进度计划的编制； (4)资源需要量计划的编制； (5)施工作业计划的编制
		6.2.4 园林工程施工进度计划的实施	(1)实施前的准备； (2)园林工程项目施工进度计划的实施
		6.2.5 园林工程施工进度计划的检查与调整	(1)园林工程施工进度计划的检查； (2)园林工程施工进度计划的调整
	6.3 施工组织方式	6.3.1 依次施工	
		6.3.2 平行施工	
		6.3.3 交叉施工	
		6.3.4 流水施工	

【自主学习资源库】

1. 园林工程项目施工管理. 陈科东，李宝昌. 科学出版社，2012.

2. 园林工程项目管理(第三版). 李永红. 高等教育出版社，2015.

3. 施工项目管理. 金忠盛. 机械工业出版社，2012.

4. https：//www. co188. com/jh/t33473-6. html.

5. http：//gc. yuanlin. com/html/Article/2012-10/Yuanlin_ Project_ 2794. html.

【自测题】

1. 施工进度计划有哪几种表述形式？各有什么特点？

2. 当采用时标网络计划时，应如何检查进度计划的执行情况？

3. 施工进度计划的检查必须包含哪些内容？

4. 对施工进度计划检查结果的分析判断分为哪几个步骤？

5. 施工进度计划的调整包括哪些内容？

6. 施工进度计划的调整方法有哪些？

7. 施工进度计划的措施有哪些？

8. 施工进度控制的组织措施包括哪些内容？

单元 7

园林工程施工质量管理

【知识目标】

(1) 了解园林工程施工质量管理的概念，明确施工质量管理的任务和要求，熟悉影响园林工程施工质量的因素。

(2) 了解 ISO 9000 质量管理体系的有关规定、质量方针和质量计划，明确园林工程施工各阶段质量控制的内容，熟悉园林工程施工质量控制的方法。

(3) 了解园林工程施工质量检验的相关规定，明确园林工程施工质量检查与检验的方法，熟悉园林工程各要素现场质量检验项目。

(4) 明确园林工程质量事故的处理程序，熟悉园林工程质量事故处理方法。

【技能目标】

(1) 能够理解影响园林工程施工质量各因素间的关系。

(2) 能够采用不同的施工质量控制方法对工程质量进行控制。

(3) 能够采用不同的检验方法对园林工程质量进行检验。

(4) 具备处理园林工程质量事故的能力。

【素质目标】

(1) 增强质量意识、规范意识。

(2) 培养工匠精神、技术创新与责任担当。

7.1 园林工程施工质量管理概述

7.1.1 园林施工质量管理的概念

按照《GB/T 19000—ISO 9000(2000)质量管理体系标准》(GB/T 19000—2000)的定义：
"质量管理是指确立质量方针及实施质量方针的全部职能及工作内容，并对其工作效果进行评价和改进的一系列工作。"按照质量管理的概念，组织必须通过建立质量管理体系实施质量管理。其中，质量方针是组织最高管理者的质量宗旨、经营理念和价值观的反映。在质量方针的指导下，通过组织的质量手册、程序性管理文件、质量记录的制定，并通过组织制度的落实、管理人员与资源的配置、质量活动的责任分工与权限界定等，形成组织质量管理体系的运行机制。

园林施工质量管理，就是园林工程施工项目在确定质量方针、目标和职责的前提下，通过建立有效的质量体系，采取质量策划、质量控制、质量保证和质量改进等手段，来确保质量方针、目标的实施和实现的所有活动。

园林施工质量管理，包括从施工准备到交付使用的全过程，是工程项目管理的关键环节，直接影响工程的最终质量。

7.1.2 施工质量管理的任务和要求

1)施工质量管理的任务

施工质量管理的基本任务是：建立和健全质量管理体系，通过企业经营管理的各项工作，以最低的工程成本、合理的施工工期，生产出符合设计要求并使用户满意的产品。

2)施工质量管理的要求

施工质量管理主要有以下几个方面的具体要求：

①完善质量管理的基础工作。主要包括开展质量教育、推行标准化、做好计量工作、搞好质量信息工作和建立质量责任制。

②建立和健全质量保证体系。主要包括建立质量管理机构、制订可行的质量计划、建立质量信息反馈系统和实现质量管理业务标准化。

③确定企业的质量目标和质量计划。

④对生产过程各工序的质量进行全面控制。

⑤严格按照国家有关规范标准进行质量检验工作。

⑥相信群众、发动群众，开展群众性的质量管理活动。

⑦建立质量回访制度。通过质量回访，总结质量管理中取得的经验和存在的问题，以便寻求改进和提高措施。

7.1.3 影响园林工程施工质量的因素

1)人的质量意识和质量能力

人是质量活动的主体。对园林工程而言，人泛指与工程有关的单位、组织及个人，包括建设单位、勘察设计单位、施工承包单位、监理及咨询服务单位、政府主管及工程质量监督监测单位、策划者、设计者、作业者、管理者等。

2）施工材料、构配件及工程用品的质量

园林工程质量的水平很大程度上取决于园林材料和栽培园艺的发展，原材料及园林建筑装饰材料及其制品的开发，导致人们对风景园林和景观建设产品的需求不断趋新、趋美和多样性。因此，合理选择材料，所用材料、构配件和工程用品的质量规格、性能特征是否符合设计规定标准，直接关系到园林工程质量的形成。

3）工程施工环境

工程施工及环境包括：地质、地貌、水文、气候等自然环境及施工现场的通风、照明、安全卫生防护设施等劳动作业环境，以及由工程承发包合同所涉及的多单位、多专业共同施工的管理关系、组织协调方式和现场质量控制系统等构成的环境等，都对工程质量的形成产生相当的影响。

4）决策阶段因素

决策阶段因素是指经过可行性研究、资源论证、市场预测、决策的质量。决策人应从科学发展观的高度，充分考虑质量目标的控制水平和可能实现的技术经济条件，确保社会资源不被浪费。

5）设计阶段因素

园林植物的选择、植物资源的生态习性以及园林建筑物构造与结构设计的合理性、可靠性以及可操作性都直接影响工程质量。

6）施工阶段因素

施工阶段是实现质量目标的重要过程，首要的是施工方案的质量，包括施工技术方案和施工组织方案。施工技术方案是指施工的技术、工艺、方法和机械、设备、模具等施工手段的配置；施工组织方案是指施工程序、工艺顺序、施工流向、劳动组织方面的决定和安排。施工程序通常是先准备后施工，先场外后场内，先地下后地上，先深后浅，先土建后绿化等，都应在施工方案中明确，并编制相应的施工组织设计。

7）工程养护阶段因素

由于园林工程质量对生态和景观的双重质量要求，这两项质量的形成取决于施工过程和工程养护管理，因此，园林工程最终产品的形成取决于工程养护期的工作质量。工程养护对绿化景观含量高的工程尤其重要，这就是园林工程行业人士常说的"三分种，七分养"的意义所在。

7.2 园林工程施工质量控制

7.2.1 ISO 9000 质量管理体系有关规定

国际标准化组织（ISO）于 1987 年发布了通过的 ISO 9000《质量管理和质量保证》标准，该系列标准得到了国际社会和国际组织的认可和采用，已成为世界各国共同遵守的工作规范。此后又不断地对其进行补充、完善、修订，在 2000 年前发布了 2000 版 ISO 9000 标准。随着 ISO 9000 的发布和修订，我国及时、等同地采用此标准，发布了 2000 版标准，包括以下内容：

①GB/T 19000 表述质量管理体系基础知识，并规定质量管理体系术语。该标准在合并修订 1994 版相关标准的基础上，增加了 8 项质量管理原则和质量管理体系的 12 条基础说明。

②GB/T 19001 规定质量管理体系要求，用于组织证实其具有提供满足顾客要求和适用的法规要求的产品能力，目的在于增进顾客满意。该标准取代了 1994 版的 GB/T 19001、GB/T 19002 和 GB/T 19003 标准，组织主要依据该标准建立质量管理体系并进行质量管理体系认证工作。

③GB/T 19004 提供考虑质量管理体系的有效性和效率两方面的指南。其目的是组织业绩改进和使顾客及其他相关方满意。该标准使组织为改进业绩而策划、建立和实施质量管理体系的指南性标准。

④GB/T 19011 提供审核质量和环境体系指南。

7.2.2　质量方针和质量计划

1) 质量方针

质量方针是由项目组织的最高管理者正式发布的该项目总的质量宗旨和质量方向，是实施和改进项目质量管理体系的推动力。质量方针提供了质量目标制定和评审的框架，是评价质量管理体系有效性的基础。

质量方针是企业经营管理总方针的重要组成部分，指企业总的质量宗旨和方向，由企业的最高管理者(如集团总裁、企业总经理)批准并正式发布。

企业通过建立并实施质量方针可以统一全体员工的质量意识，确定企业质量管理体系的方向和原则。质量方针是检验企业质量管理体系运行效果的最高标准。质量管理体系运行的各方面是否符合要求，运行效果是否达到预期的目的，都可以用质量方针分析和评审。

2) 质量计划

质量计划是指为特定的工程项目所编制的，规定由谁、何时、如何使用哪些程序和相关资源的文件。质量计划应根据组织的质量手册和项目的质量目标来编制，它是组织进行质量管理的依据，也是顾客或监理方实施质量监督的依据。在质量计划中应明确指出所要开展的质量活动，并直接或间接通过相应程序或其他文件，指出应如何实施这些活动。

质量计划按工作环节可以划分为总体质量计划和设计质量计划、采购质量计划、施工质量计划、生产准备质量计划、建成后服务质量计划等分阶段计划。也可以按内容分为质量工作计划和质量成本计划。质量工作计划主要包括：

①质量目标的定性和定量描述；

②项目建设质量形成的各工作环节的责任；

③权限的明确和分配；

④采用的特定程序、方法和工作指导书；

⑤重要工序的试验、检验、验证和审核大纲；

⑥质量计划修订程序；

⑦为达到质量目标所采取的其他措施等。

质量成本计划是指规定最佳质量成本水平的费用计划，是开展质量成本管理的基准。

质量计划的编制主体是施工承包企业。在总承包的情况下，分包企业的施工质量计划是总包施工质量计划的组成部分。总包有责任对分包施工质量计划的编制进行指导和审核，并承担施工质量的连带责任。

在已建立质量管理体系的情况下，质量计划的内容必须全面体现和落实企业质量管理体系文件的要求，同时结合本工程的特点，在质量计划中编写专项管理要求。

3）质量计划的编制

（1）质量计划的编制要求

施工项目质量计划的编制应符合下列规定：

①应由项目经理编制后，报组织管理层批准；

②质量计划应体现从工序、分项工程、分部工程到单位工程的过程控制，且应体现从资源投入到完成工程质量最终检验和实验的全过程控制；

③质量计划应成为对外质量保证和对内质量控制的依据。

（2）质量计划的依据

①合同中有关产品（或过程）的质量要求；

②与产品（或过程）有关的其他要求；

③质量管理体系文件；

④组织针对项目的其他要求。

（3）质量计划的内容

施工项目质量计划应包括下列内容：

①编制依据；

②项目概况；

③质量目标和要求；

④质量管理组织的职责；

⑤质量控制及管理组织协调的系统描述；

⑥必要的质量控制手段、施工过程、服务、检验和实验程序等；

⑦确定关键工序和特殊过程及作业指导书；

⑧与施工阶段相适应的检验、实验、测量、验证要求；

⑨记录的要求；

⑩所采取的措施及更改和完善质量计划的程序。

7.2.3 园林工程施工各阶段质量控制

1）施工准备阶段质量控制

施工准备阶段的质量控制又称为事前控制，属于一种预防性控制，是为保证园林施工正常进行而必须事先做好的工作。施工准备不仅在工程开工前要做好，而且贯穿于整个施工过程。施工准备的基本任务就是为工程建立一切必要的施工条件，确保施工生产顺利进行，确保工程质量符合要求。施工准备阶段对施工质量有很大影响，施工准备阶段的质量控制主要包括下列几个方面：

(1)图纸会审

积极参加图纸会审和设计交底等工作，对设计意图、内容要求等作全面了解，并对工程勘查资料进行复核。

(2)施工组织设计

施工组织设计是指导施工准备和组织施工的全面性技术经济文件。对施工组织设计，要求进行两方面的控制：一是制订施工方案时，必须进行技术经济比较，使园林建设工程符合设计要求且保证质量，求得施工工期短、成本低、安全生产、效益好的施工过程；二是选定施工方案后，制定施工进度时，必须考虑施工顺序、施工流向，主要分部(分项)工程的施工方法，特殊项目的施工方法和技术措施能否保证工作质量。

(3)人、机、料的准备

检查参加施工的人员是否具备相应的操作技术和资格，检查施工人员、机械设备是否可以进入正常的作业运行状态。对原材料要逐一核实产品合格证或在使用前进行复验，以确认材料的真实质量，保证其符合设计的要求。要检查临时设施的搭设是否符合质量和使用要求。

(4)技术交底

做好技术交底工作，使施工人员熟悉所承担工程的情况、设计意图、技术要求、施工方法、质量标准，做到施工人员对自己的工作心中有数，确保工程质量。

2)施工实施阶段质量控制

施工实施阶段的质量控制又称为事中控制。该阶段要按照施工组织设计总进度计划，编制具体的月度和分项工程施工作业技术和相应的质量和计划。对材料、机具设备、施工工艺、操作人员、生产环境等影响质量的因素进行控制，以确保园林施工产品总体质量处于稳定状态。由于施工的过程就是园林产品的形成过程，也是质量的形成过程。所以，施工阶段的质量控制就是施工质量控制的中心环节，其控制内容有以下几点：

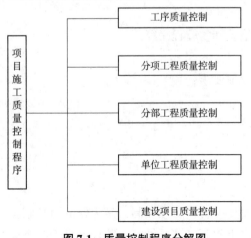

图 7-1 质量控制程序分解图

(1)按图施工符合设计要求

因为经过会审的图纸是施工的依据，从理论上讲，满足了图样的要求，也就满足了用户的要求，达到了用户的质量标准。

(2)遵守园林工程施工规范

在技术交底的基础上，要求作业人员严格执行施工规范和操作规程，对每道工序按照规范化、标准化进行严格控制。在保证工序质量的基础上，实现对分项工程质量控制、分部工程质量控制、单位工程质量控制，进而实现对整个建设项目的质量控制，如图 7-1 所示。

（3）设置工序质量控制点

控制点是指为了保证工序质量而需要进行控制的重点。因为在施工过程中，每道工序对工程质量的影响程度是不同的，施工条件、内容、质量标准等也是不同的。所以，设置质量控制点可以在一定时期内、一定条件下实行质量控制的强化管理，使工序质量处于良好状态，使工程施工质量控制得到了保证。

（4）重视过程质量检查

施工过程中，应及时对每道工序进行质量检查，及时掌握质量动态，一旦发现质量问题，随即研究处理，使每道工序质量满足规范和标准的要求。

3）竣工验收阶段质量控制

竣工验收阶段的质量控制又称为事后控制，它属于一种合格控制。园林工程产品的竣工验收阶段质量控制包含两个方面的含义：

（1）工序间的交工验收工作的质量控制

工程施工中往往上道工序的质量成果被下道工序覆盖，分项或分部工程质量被后续的分项或分部工程覆盖。因此，要对施工全过程的隐蔽工程施工的各工序进行质量控制，保证不合格工序不转入下道工序。

（2）竣工阶段的质量控制

单位工程或单项工程竣工后，由施工工程的上级部门严格按照设计图纸、施工说明书及竣工验收标准，对工程的施工质量进行全面鉴定，评定等级，作为竣工交付的依据。工程进入交工验收阶段，应有计划、有步骤、有重点地进行收尾工程的清理工作，通过交工前的预验收，找出缺漏项和需要修补的工程，并及早安排施工。

工程经自检、互检后，与建设单位、设计单位和上级有关部门进行正式的竣工验收工作。同时做好竣工工程的产品保护，以提高工程的一次性验收合格率。

4）养护管理阶段质量控制

工程竣工验收合格后，正式进入养护管理阶段。

在养护管理阶段，主要是在保护和巩固竣工质量成果的前提下，对质量缺陷进行处理，以保证交付的园林工程以最佳的状态和形象面向社会和使用者。

养护期满，及时办理交付手续。

7.2.4 园林工程施工质量控制方法

1）审核有关技术文件、报告或报表

审核是项目经理对工程质量进行全面控制的重要手段，就是对有关施工技术文件、报告、报表的认真审核，审核的具体内容有：

①审核单项工程有关专业技术资质或资格证明文件；

②审核开工报告，并对开工情况进行现场核实；

③审核施工方案、施工组织设计和技术措施；

④审核进场材料的质检报告；

⑤审核设计变更单、施工图纸的修改和签证单；

⑥审核有关工序交接检查，分部(分项)工程质检报告和有关质量问题的处理报告；

⑦审核有关应用新技术、新工艺、新材料、新设备的技术核定书。

2)现场质量检查

采用目测、实测和试验 3 种方法进行检查，主要内容有：

①开工前检查　　目的是检查是否具备开工条件，开工后能否保证施工的连续性和工程质量。

②工序交接检查　　对于重要的或关键性的工序，在自检、互检的基础上，质检员还应进行工序交接的监督检查。

③隐蔽工程检查　　凡是隐蔽工程均应检查认证后方能掩盖。

④停工后复工前的检查　　因某种原因停工后需复工时，应经检查认可后方能复工。

⑤分部(分项)工程完工后的检查　　分部(分项)工程完工后，应经检查认可。

⑥对完成项目养护管理的检查　　检查有无养护管理措施，或措施是否得当。

7.2.5　工程施工质量管理的数理统计法

1)调查分析表法

调查分析表法又称统计分析表法，它是利用专门设计的统计表对质量进行收集、整理和粗略分析质量状态的一种方法。在施工项目质量控制活动中，利用调查表收集数据，简便灵话，便于整理，实用有效。它没有固定格式，可根据需要和具体情况，设计出不同的统计调查表。常用的调查表有质量分布状态调查表、质量缺陷部位调查表、影响质量主要因素调查表、材料质量特性调查表等。调查表也可以与其他方法联合使用。

2)分层法

分层法又称为分类法，是将调查收集的原始数据，根据不同目的和要求，按某一性质进行分组、整理的分析方法。

分层的结果使数据各层间的差异突出地显示出来，层内的数据差异减少了。在此基础上再进行分层、层内的比较分析，可以更深入地发现和认识质量问题的原因。由于产品质量是多方面因素共同作用的结果，因而对同一批数据，可以按不同性质分层，使我们能从不同角度来考虑、分析产品存在的质量问题和影响因素。

常用的分层标志有：操作班组、操作者、机械设备型号、操作方法、原材科供应单位、供应时间、等级、检查手段、工作环境等。

现举例说明分层法的应用。

例一：钢筋焊接质量的调查分析，共检查了 50 个焊接点，其中 19 个不合格，不合格率为 38%。存在很严重的质量问题，试用分层法分析质量问题的原因。

现已查明这批钢筋的焊接是由 A、B、C 3 个师傅操作的，而焊条是由甲、乙两个厂家提供的。因此，分别按操作者和生产厂家进行分层分析，即考虑一种因素单独的影响，见表 7-1、表 7-2 所列。

表 7-1 按操作者分层

操作者	不合格焊接点(个)	合格焊接点(个)	不合格率(%)
A	6	13	32
B	3	9	25
C	10	9	53
合计	19	31	38

表 7-2 按焊条生产厂家分层

工厂	不合格焊接点(个)	合格焊接点(个)	不合格率(%)
甲	9	14	39
乙	10	17	37
合计	19	31	38

由上述两表可见，操作者 B 的质量较好，而不论是采用甲厂还是乙厂的焊条，不合格率都很高且相差不大。为了找出问题之所在，再进一步采用综合分层进行分析，即考虑两种因素共同影响的结果，见表 7-3 所列。

表 7-3 综合分层分析焊接质量

操作者	焊接质量	甲厂		乙厂		合计	
		焊接点(个)	不合格率(%)	焊接点(个)	不合格率(%)	焊接点(个)	不合格率(%)
A	不合格	6	75	0	0	6	32
	合 格	2		11		13	
B	不合格	0	0	3	43	3	25
	合 格	5		4		9	
C	不合格	3	30	7	78	10	53
	合 格	7		2		9	
合计	不合格	9	39	10	37	19	38
	合 格	14		17		31	

经过综合分层分析可知，在使用甲厂的焊条时，应采用 B 师傅的操作方法为好；在使用乙厂的焊条时，应采用 A 师傅的操作方法为好。

调查分析表法和分层法是质量控制统计分析方法中最基本的方法，其他统计方法常常是首先利用这两种方法将原始资料进行调查、统计和分类，然后再进行分析。

3）排列图法

（1）排列图原理

排列图是用来寻找影响质量主次因素的一种有效方法，又称为主次因素分析图。它由 2 个纵坐标、1 个横坐标、几个连起来的直方形和 1 条曲线组成。如图 7-2 所示。实际应用中，左侧的纵坐标表示频数，右侧纵坐标表示累计频率，横坐标表示影响质量的各个因素或项

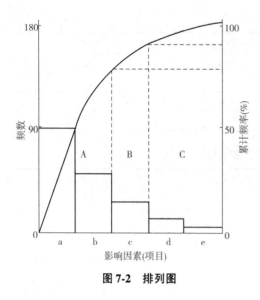

图 7-2　排列图

目，按影响程度大小从左至右排列，直方形的高度示意某个因素的影响大小。通常按累计频率划分为 0～80%、80%～90%、90%～100% 三部分，与其对应的影响因素分别为 A、B、C 3 类。A 类为主要因素，B 类为次要因素，C 类为一般因素。

（2）排列图的做法

以下结合实例加以说明。

例二：某工地现浇混凝土，其结构尺寸质量检查结果是：在全部检查的 8 个项目中不合格点（超偏差限值）有 150 个，数据资料见表 7-4 所列。为改进并保证质量，应对这些不合格点进行分析，以便找出混凝土结构尺寸质量的薄弱环节。

表 7-4　合格点统计表

序号	检查项目	不合格点数	序号	检查项目	不合格点数
1	轴线位置	1	5	平面水平度	15
2	垂直度	8	6	表面平整度	75
3	标高	4	7	预埋设施中心位置	1
4	截面尺寸	45	8	预留孔洞中心位置	1

①收集整理数据　首先根据调查的数据资料，统计各项目不合格点的频数。然后对数据资料进行整理，本例中将不合格点较少的轴线位置、预埋设施中心位置、预留孔洞中心位置三项合并为"其他"项；按不合格点的频数由大到小排列各检查项目。最后以全部不合格点为总数，计算各项的频率和累计频率，结果见表 7-5 所列。

表 7-5　不合格点项目频数、频率统计表

序号	项目	频数	频率（%）	累计频率（%）
1	表面平整度	75	50.0	50.0
2	截面尺寸	45	30.0	80.0
3	平面水平度	15	10.0	90.0
4	垂直度	8	5.3	95.3
5	标高	4	2.7	98.0
6	其他	3	2.0	100.0
合计		150	100.0	

②绘制排列图　第一，将横坐标按项目数等分，并按项目频数由大到小顺序从左至右排列，本例中横坐标分为 6 等份。第二，左侧的纵坐标表示项目不合格点数及频数，右侧纵坐标表示累计频数。第三，以频数为高画出各项目的直方形。第四，横坐标左端点开

始，依次连接各项目直方形右边线及所对应的累计频率值的交点，所得即为累计频率曲线，图 7-3 为混凝土结构尺寸不合格点排列图。

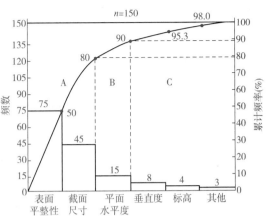

③排列图的观察与分析　观察直方形的高度，大致可看出各因素的影响程度。

排列图的分析主要是利用 A、B、C 分类法，确定主次因素。本例中，表面平整度和截面尺寸为 A 类因素；平面水平度为 B 类因素；C 类因素包括垂直度、标高和其他项目。

图 7-3　混凝土结构尺寸不合格点排列图

4）因果分析图法

因果分析图简称因果图，也称为特性因素图，又因其形状而称为鱼刺图或树枝。它是根据质量存在的主要因素来进一步寻找产生原因的图示方法。在生产过程中，任何一种质量因素的产生，往往都是由许多原因造成的，甚至是多层原因造成的，通常先用排列图找出产生质量问题的主要项目，再用因果分析图来具体分析。

以下结合实例说明因果分析图的作图方法与步骤。

例三：绘制混凝土裂缝的因果分析图，如图 7-4 所示。

①明确质量问题的结果，本例中为"混凝土裂缝"。

②分析确定影响质量特性大的方面的原因。一般可在人、材料、机械、施工方法、环境等方面考虑。

③将每种大原因进一步分解为中原因、小原因，直至分解的原因可以采取具体措施加以解决为止。

④检查图中所列原因是否齐全，可以对初步分析结果广泛征求意见，并做必要的补充及修改。

⑤选择出影响大的关键因素，做出标记"○"，以便重点采取措施。

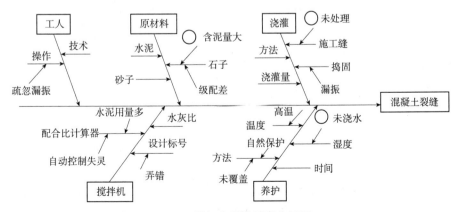

图 7-4　混凝土裂缝因果分析图

5）直方图法

直方图法又称质量分布图法。作直方图的目的，就是希望通过对抽取的样本进行分析判断，从而判明其代表的总体是否服从某种典型分布（如正态分布、指数分布、对数正态分布等），来判断生产过程是否稳定，有无质量问题。除此之外，直方图还可用来估计工序不合格品率的高低，制定质量标准、确定公差范围、评定施工管理水平等。

（1）正常型直方图

一般做完直方图后，首先要认真观察直方图的整体形状，看是否属于正常型直方图。正常型直方图是左右对称的山峰形状，如图7-5（a）所示。图的中部有一峰值，两侧的分布大体对称且越偏离峰值直方形的高度越低，符合正态分布。表明这批数据所代表的工序处于稳定状态。

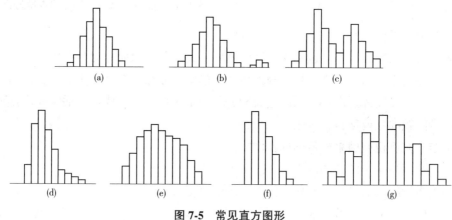

图7-5　常见直方图形

（2）异常型直方图

与正常型分布状态相比，带有某种缺陷的直方图为异常型直方图。表明这批数据所代表的工序处于不稳定状态。常见的有以下几种：

①孤岛型　在远离主分布中心的地方出现小的直方，形如孤岛，如图7-5（b）所示。孤岛的存在表明生产过程中出现了异常因素。如原材料一时发生变化，有人代替操作，短期内工作操作不当。

②双峰型　直方图出现两个中心，形成双峰状。这往往是由于把来自两个总体的数据混在起作图所造成的。如把两个班组的数据混为一批，如图7-5（c）所示。

③偏向型　直方图的顶峰偏向一侧，故又称偏坡形，它往往是因计数值或计量值只控制一侧界限或剔除了不合格数据造成的，如图7-5（d）所示。

④平顶型　在直方图顶部呈平顶状态。一般是由多个母体数据混在一起造成的，或者在生产过程中有缓慢变化的因素在起作用，如操作者疲劳等，如图7-5（e）所示。

⑤陡壁型　直方图的一侧出现陡峭绝壁状态。这是由于人为地剔除一些数据，进行不真实的统计造成的，如图7-5（f）所示。

⑥锯齿型　直方图出现参差不齐的形状，即频数不是在相邻区间减少，而是隔区间减少，形成了锯齿状。造成这种现象的原因不是生产上的问题，而主要是绘制直方图时分组过多或测量仪器精度不够而造成的，如图7-5（g）所示。

园林工程施工质量常见的统计分析方法还有控制图法、相关图法等。

7.3 园林工程施工质量检查与验收

7.3.1 施工质量检查与检验

园林工程施工质量检验是指按国家标准、规程,采用一定测试手段,对工程质量进行全面检查、验收的工作。质量检验,可避免不合格的原材料、构配件进入工程中,中间工序检验可及时发现质量情况,采取补救或返工措施。因此,质量检验是实行层层把关,通过监督、控制,来保证整个工程的质量。

质量检查是一项专业性、技术性、群众性的工作,通常采取以专业检查为主,与群众性自检、互检、交接检相结合的检查方式。

1)直观检查

直观检查是一种定性的、客观的检查方法,采用手摸眼看的方式,有丰富经验和熟练掌握标准的人员才能胜任工作。

2)测量检查

对上述能实测、实量的工程部位都应通过测量获得真实数据。

3)现场点数检查

对各种设施、器具、配件、栽植苗木都应一一点数、查清、记录,如有遗缺不足或质量不符合要求的,都应通知承接施工单位补齐或更换。

4)操作动作

实际操作是对功能和性能检查的好办法,对一些水电设备、游乐设施等应启动检查。

上述检查之后,各专业组长应向总监理工程师报告检查验收结果。如果查出的问题较多较大,则应指令施工单位限期整改并在此进行复验,如果存在问题仅属一般性的,除通知承接施工单位抓紧整修外,总监理工程师应编写报告一式三份:一份交施工单位供整改用,一份转交验收委员会,一份监理单位自存。这份报告除文字论述外,还应附上全部验收检查的数据。

7.3.2 园林工程项目质量验收

1)园林工程质量验收的一般规定

园林绿化工程的质量验收,应按检验批、分项工程、分部(子分部)工程、单位(子单位)工程的顺序进行。园林绿化工程施工质量验收应符合下列规定:

①参加工程施工质量验收的各方人员应具备规定的资格;

②园林绿化工程的施工应符合工程设计文件的要求;

③园林绿化工程施工质量应符合本规范及国家现行相关专业验收标准的规定;

④工程质量的验收均应在施工单位自行检查评定的基础上进行;

⑤隐蔽工程在隐蔽前应由施工单位通知有关单位进行验收,并应形成验收文件;

⑥分项工程的质量应按主控项目和一般项目验收；

⑦关系到植物成活的水、土、基质，涉及结构安全的试块、试件及有关材料，应按规定进行见证取样检测；

⑧承担见证取样检测及有关结构安全检测的单位应具有相应资质。

园林绿化工程物资的主要原材料、成品、半成品、配件、器具和设备必须具有质量合格证明文件，规格型号及性能检测报告，应符合国家现行技术标准及设计要求。植物材料、工程物资进场时应做检查验收，并经监理工程师核查确认，形成相应的检查记录。

工程竣工验收后，建设单位应将有关文件和技术资料归档。

2)园林工程质量验收标准

园林工程质量验收时，各分项、分部、单位工程质量等级均应为"合格"。

(1)检验批质量验收

检验批质量验收应符合下列规定：

①主控项目和一般项目的质量经抽样检验应合格；

②应具有完整的施工操作依据、质量检查记录。

(2)分项工程质量验收

分项工程质量验收应符合下列规定：

①分项工程质量验收的项目和要求，应符合《园林绿化施工及验收规范》的规定；

②分项工程所含的检验批，均应符合合格质量的规定；

③分项工程所含的检验批的质量验收记录应完整。

(3)分部(子分部)工程质量验收

分部(子分部)工程质量验收应符合下列规定：

①分部(子分部)工程所含分项工程的质量均应验收合格；

②质量控制资料应完整；

③栽植土质量、植物病虫害检疫，有关安全及功能的检验和抽样检测结果应符合有关规定；

④观感质量验收应符合要求。

(4)单位(子单位)工程质量验收

单位(子单位)工程质量验收应符合下列规定：

①单位(子单位)工程所含分部(子分部)工程的质量均应验收合格；

②质量控制资料应完整；

③单位(子单位)工程所含分部工程有关安全和功能的检测资料应完整；

④观感质量验收应符合要求；

⑤乔灌木成活率及草坪覆盖率应不低于95%。

(5)工程质量不符合要求时的有关规定

当园林绿化工程质量不符合要求时，应按下列规定进行处理：

①经返工或整改处理的检验批应重新进行验收；

②经有资质的检测单位检测鉴定能够达到设计要求的检验批，应予以验收；

③经有资质的检测单位检测鉴定达不到设计要求，但经原设计单位和监理单位认可能够满足植物生长要求、安全和使用功能的检验批，可予以验收；

④经返工或整改处理的分项、分部工程，虽然降低质量或改变外观尺寸但仍能满足安全使用、基本的观赏要求并能保证植物成活，可按技术处理方案和协商文件进行验收；

⑤通过返修或整改处理仍不能保证植物成活、基本的观赏和安全要求的分部工程、单位(子单位)工程，严禁验收。

7.3.3 不合格品的处置

企业应按照我国相关制度的规定，建立并实施不合格品处置制度，对不合格品处置的职责和权限以及不合格品的分类、分级报告流程和处置方式做出规定。

1)不合格品的类型

不合格品的类型包括原材料及构配件不合格和园林工程产品不合格。

园林工程产品不合格又包括质量不合格、质量缺陷和质量事故。

根据我国有关质量方面的标准定义，凡是产品质量没有满足某一个规定的要求，就称之为质量不合格；而没有满足某个预期的使用要求(一般指不符合国家或行业有关技术标准、设计文件及合同要求)或合理的期望(包括与安全性有关的要求)，则称之为质量缺陷；凡是不得返修或不能作让步接收，而必须进行返工或加固处理的，且所造成的经济损失超过 10 000 元的质量问题即构成质量事故。

质量事故又分为一般质量事故和重大质量事故，属下列情况之一的即为重大质量事故：

①建筑物或构筑物的主要结构倒塌；

②基础出现超过规范规定的不均匀沉陷，建筑物倾斜，结构开裂，主体结构强度严重不足；

③影响结构安全和建筑物使用年限或造成不可挽回的历史性缺陷；

④严重影响设备及相应系统的使用功能(如屋面大面积漏雨，隔热、隔声达不到设计要求)；

⑤返工的直接经济损失超过 100 000 元的。

2)不合格品的处置

发现不合格品时，项目质检员应按照质量问题的分类，分别逐级向项目技术负责人、项目经理、企业主管部门、监理、建设方等进行报告。在对不合格品处置的过程中，企业应与建设单位、设计单位、建立单位等进行有效的沟通，并严格按照我国相关制度的规定实施质量问题的处理。

发现不合格或接到监理、发包方、质检员的整改通知后，作业负责人应要求作业人员立即停止施工，可能时应在不合格处设置明显的不合格标识，以防止在处置前进入下道工序施工。

作业负责人和质检员应对不合格进行评审，以判定该项不合格品是质量不合格、质量缺陷还是质量事故，并决定如何处置(返工、返修、降级、让步接收、拒收)。对于质量不合格和质量缺陷，质检员应向作业负责人发出整改指令或书面的整改通知，由作业负责人组织实施整改。对于判定为质量事故的，质检员应向项目技术负责人汇报，由其组织进一步的评审，技术负责人评审后确认为质量事故的，应向企业主管部门和领导报告并按质量事故处理规定进行处置。

对不合格品处理时，除按规范进行验收外，还应符合以下要求：

①需申请让步接收时，质检员要记录不合格的实际情况，项目部应办理申请让步手续，填写让步申请报告交建设方批准，只有在得到建设方同意后，才能转入下道工序施工。

②质检员应在检验记录中记录不合格及其处置情况。有书面的整改通知时，质检员应在留底的整改通知上记录整改情况。

7.4 质量事故的处理

7.4.1 工程质量事故的处理程序

园林工程质量事故发生后，应及时组织调查、分析和处理，园林施工项目质量事故的分析处理程序如图 7-6 所示。

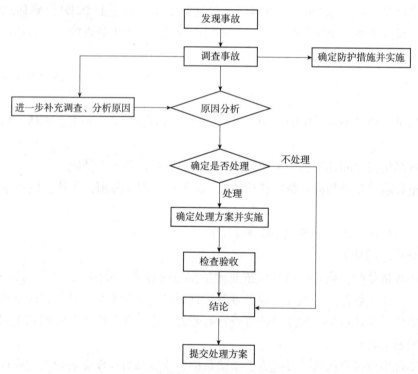

图 7-6 质量事故的分析处理程序图

1）事故调查

事故调查的主要目的是通过确定事故的范围、性质、影响和原因等，为事故的分析与处理提供依据。调查一定要力求全面、准确、客观，调查结果要整理撰写成事故调查报告，其内容包括：

①工程概况，重点介绍事故有关部分的工程情况；

②事故情况，事故发生的时间、性质、现状及发展变化的情况；

③是否需要采取临时应急防护措施；

④事故调查中的数据、资料；

⑤事故原因的初步判断；

⑥事故涉及人员与主要责任者等情况。

2）事故原因分析

事故原因分析要建立在事故调查的基础上，绝不能情况不明就主观分析推断事故的原因。尤其是有些事故，其原因错综复杂，往往涉及勘察、设计、施工、材质、使用管理等诸多方面，只有对调查提供的数据、资料进行详细分析后，才能去伪存真，找到造成事故的主要原因。

3）事故处理

事故处理要建立在事故原因分析的基础上，对有些事故一时认识不清时，只要事故不致产生严重的恶化，可以继续观察一段时间，做进一步的调查分析，不要急于求成，以免造成同一事故多次处理的不良后果。

事故处理的基本要求是：安全可靠，不留隐患，满足产品功能和使用要求，技术上可行，经济上合理。在事故处理中，还必须加强质量检查和验收。对每一个质量事故，无论其是否需要处理，都要经过分析后做出明确的结论。

7.4.2 质量事故处理

工程质量事故处理方案是指技术处理方案，其目的是消除质量隐患，以达到建筑物的安全可靠和正常使用各项功能及寿命要求，并保证施工的正常进行。其一般处理原则是：正确确定事故性质，是表面性还是实质性、是结构性还是一般性、是迫切性还是可缓性；正确确定处理范围，除直接发生部位，还应检查处理事故相邻影响作用范围的结构部位或构件。

1）质量事故处理的依据

①施工承包合同，材料、设备的订购合同；

②设计文件、质量事故发生部位的施工图纸；

③有关的技术文件，如材料和设备的检验、试验报告；新材料、新技术、新工艺技术鉴定书和试验报告；有关的质量检测资料；施工组织设计，施工方案，施工计划，施工日志记录等；

④有关的法规、标准和规范；

⑤质量事故调查报告，质量事故发生后的观测记录和试验记录等。

2）质量事故处理类型

（1）修补处理

这是最常用的一类处理方案。通常当工程的某个检验批、分项或分部工程的质量虽未达到规定的规范、标准或设计要求，存在一定缺陷，但通过修补或更换器具、设备后还可达到要求的标准，又不影响使用功能和外观要求，在此情况下，可以进行修补处理。

属于可修补处理这类的具体方案很多，诸如封闭保护、复位纠偏、结构补强、表面处理等。某些事故造成的结构混凝土表面裂缝，可根据其受力情况，仅作表面封闭保护。某些混凝土结构表面的蜂窝、麻面，经调查分析，可进行剔凿、抹灰等表面处理，一般不会影响其使用和外观。

对较严重的质量问题，可能影响结构的安全性和使用功能，必须按一定的技术方案进行加固补强处理，这样往往会造成一些永久性缺陷，如改变结构外形尺寸，影响一些次要的使用功能等。

（2）返工处理

工程质量未达到规定的标准和要求，存在的严重质量问题，对结构的使用和安全构成重大影响，且又无法修补处理的情况下，可对检验批、分项、分部甚至整个工程返工处理。例如，园林堤岸填筑压实后，其压实土的干密度未达到规定值，经核算将影响土体的稳定性且不满足抗渗能力要求，并且无法采用加固补强等修补处理或修补处理费用比用工程造价还高的工程，应进行整体拆除，全面返工。

（3）不作处理

某些工程质量问题虽然不符合规定的要求和标准构成质量事故，但视其严重情况，经过分析、论证、法定检测单位鉴定和设计等有关单位认可，对工程或结构使用及安全影响不大，也可不作专门处理。通常不用专门处理的情况有以下几种：

①不影响结构安全和正常使用　例如，某些隐蔽部位结构混凝土表面裂缝，经检查分析，属于表面养护不够的干缩微裂，可使用且不影响外观，也可不做处理；

②有些质量问题，经过后续工序可以弥补　例如，混凝土景墙表面轻微麻面，可通过后续的抹灰、喷涂或刷白等工序弥补，亦可不做专门处理；

③经法定检测单位鉴定合格　例如，某检验批混凝土试块强度值不满足规范要求，强度不足，在法定检测单位，对混凝土实体采用非破损检验等方法测定其实际强度已达到规范允许和设计要求值时，可不做处理。对经检测未达要求值，但相差不多，经分析论证，只要使用前经再次检测达到设计强度，也可不做处理，但应严格控制施工荷载；

④出现的质量问题，经检测鉴定达不到设计要求，但经原设计单位核算，仍能满足结构安全和使用功能　例如，某结构构件截面尺寸不足，或材料强度不足，影响结构承载力，但经按实际检测所得截面尺寸和材料强度复核验算，仍能满足设计的承载力，可不进行专门处理。

3）工程质量事故处理的鉴定与验收

（1）检查验收

工程质量事故处理完成后，应严格按设计图纸、园林绿化工程施工及验收规范，以及有关标准规定进行检查验收。

（2）验收结论

对所有的质量事故，不管是经过返修还是返工等技术处理的，或是不做处理的，都应有明确的书面验收结论，验收结论通常有下列几种：

①事故已排除，可以继续施工；

②经修补处理后，完全满足使用要求；

③对景观效果影响的结论；

④对事故责任的结论。

（3）事故处理报告

事故处理后，应提供完整的事故处理报告。其内容包括：

①事故调查的原始资料、测试数据；

②事故的原因分析、论证；

③事故处理的依据；

④事故处理方案、方法及技术措施；

⑤检查验收记录；

⑥事故无需处理的论证；

⑦事故处理结论。

【实践教学】

实训 7-1　园林工程质量计划编制

一、实训目标

通过园林工程质量计划模拟编制的实训，使学生掌握施工过程中质量控制的主要内容、方法和过程，为进行后期的施工与管理打下基础。

二、实训材料

施工图纸、施工组织设计、三角板、铅笔、橡皮擦等。

三、方法及步骤

1. 技术准备（合同、技术协议、需方的技术质量要求、验收标准、施工图纸、施工组织设计、需方提供的或者是由需方委托的第三方提供的编制质量计划的原则要点或者是质量计划的初始质量计划、企业内部的质量手册）。

2. 编制（制定园林工程质量目标、园林工程质量保证体系及园林工程质量保证措施）。

3. 评审（质量计划草案应交有关生产、技术、经营等业务部门进行会签）。

四、实训要求及注意事项

1. 认真学习质量计划编制原则。

2. 注意收集编制依据，包括适用的法律、法规、标准、规范、规程、工程合同、施工现场条件、模拟公司的决策和现有资源等。

3. 了解工程概况，包括工程地点、建设规模、工程结构特点等。

4. 了解工程项目组成、模拟建设单位的项目质量目标、项目拟订的施工方案等内容。

五、考核评估

1. 计划的针对性。

2. 计划的完整性。

3. 计划的可操作性。

4. 文字组织的条理性。

5. 实训态度。

六、作业

完成实训报告一份。

【单元小结】

本单元主要讲述了园林工程施工质量管理的概念、任务和要求，以及影响施工质量的因素，简要阐明了 ISO 9000 质量管理体系的有关规定、质量方针和计划，明确了园林工程施工各阶段的控制要点、控制方法及质量分析的数理统计法，质量检查与验收的方法，以及质量事故处理的程序和方法。其具体内容如下表所列。

		7.1.1 园林施工质量管理的概念	
单元7 园林工程施工质量管理	7.1 园林工程施工质量管理概述	7.1.2 施工质量管理的任务和要求	(1)施工质量管理的任务; (2)施工质量管理的要求
		7.1.3 影响园林工程施工质量的因素	(1)人的质量意识和质量能力; (2)施工材料、构配件及工程用品的质量; (3)工程施工环境; (4)决策阶段因素; (5)设计阶段因素; (6)施工阶段因素; (7)工程养护阶段因素
	7.2 园林工程施工质量控制	7.2.1 ISO 9000 质量管理体系有关规定	
		7.2.2 质量方针和质量计划	(1)质量方针; (2)质量计划; (3)质量计划的编制
		7.2.3 园林工程施工各阶段质量控制	(1)施工准备阶段质量控制; (2)施工实施阶段质量控制; (3)竣工验收阶段质量控制; (4)养护管理阶段质量控制
		7.2.4 园林工程施工质量控制方法	(1)审核有关技术文件、报告或报表; (2)现场质量检查
		7.2.5 工程施工质量管理的数理统计法	(1)调查分析表法; (2)分层法; (3)排列图法; (4)因果分析图法; (5)直方图法

（续）

单元 7 园林工程施 工质量管理	7.3　园林工程 施工质量检查 与验收	7.3.1　施工质量检查与检验	(1) 直观检查； (2) 测量检查； (3) 现场点数检查； (4) 操作动作
		7.3.2　园林工程项目质量验收	(1) 园林工程质量验收的一般规定； (2) 园林工程质量验收标准
		7.3.3　不合格品的处置	(1) 不合格品的类型； (2) 不合格品的处置
	7.4　质量事故 的处理	7.4.1　工程质量事故的处理程序	(1) 事故调查； (2) 事故原因分析； (3) 事故处理
		7.4.2　质量事故处理	(1) 质量事故处理的依据； (2) 质量事故处理类型； (3) 工程质量事故处理的鉴定与验收

【自主学习资源库】

1. 园林工程管理. 田建林. 中国建材工业出版社，2010.

2. 园林工程施工组织与管理. 吴立威. 机械工业出版社，2012.

3. 园林吧：http：//www. yuanlin8. com.

4. 中国风景园林网：http：//www. chla. com. cn.

【自测题】

1. 园林工程质量的形成因素和阶段因素有哪些？

2. 施工准备阶段质量控制有哪些主要方面？

3. 施工各阶段质量控制有哪些主要方面？

单元 8

园林工程施工项目成本管理

【知识目标】

(1)了解园林工程施工成本的相关概念。

(2)掌握园林工程施工成本的分类及构成。

(3)了解园林工程施工成本控制的依据和原则。

【技能目标】

(1)能对园林工程施工成本进行归类统计。

(2)能归纳园林工程施工成本各阶段控制的内容。

【素质目标】

(1)培养成本意识,强化质量意识。

(2)培养自主创新能力和知识产权保护意识。

8.1　园林工程施工项目成本的概念

8.1.1　园林工程施工项目成本的定义

园林工程施工成本是指在园林工程项目的施工过程中所发生的全部生产费用的总和，包括所消耗的原材料、辅助材料、构配件等的费用，周转材料的摊销费或租赁费等，施工机械的使用费或租赁费等，支付给生产工人的工资、奖金、工资性质的津贴等，以及企业和项目经理部为园林工程项目进行施工组织与管理所发生的全部费用支出。施工成本不包括劳动者为社会创造的价值，如税金和利润，也不包括不构成施工项目价值的一切非生产性支出，如应缴纳的滞纳金、违约金、赔偿金、罚款、流动资金的贷款利息以及因材料盘亏和损毁引起的损失。

实际工作中，一般以单项工程作为成本核算对象，各单项工程成本的核算综合即为建设项目的施工现场成本。

8.1.2　园林工程施工项目成本的分类

1）按生产费用与工程量的关系划分

按生产费用与工程量的关系不同，可划分为固定成本和变动成本两种。

（1）固定成本

固定成本是指在一定期间和一定的工程量范围内发生的成本，其成本额不受工程量增减变动的影响而相对固定，如折旧费、设备大修费、管理人员工资、办公费、照明费等。这一成本是为了保持施工企业一定的生产经营条件而发生的。

一般来说，企业的固定成本每年基本相同，但当工程量超过一定范围时，则需要增添机械设备和管理人员，此时固定成本将会发生变动。

（2）变动成本

变动成本是指发生总额随着工程量的增减变动而成正比例变动的费用，如直接用于工程的材料费、实行计划工资制的人工费等。

将施工过程中发生的全部费用划分为固定成本和变动成本对于成本管理和成本决策具有重要作用，它是成本控制的前提条件。由于固定成本是维持生产能力所必需的费用，因此，要降低单位工程量的固定费用，只有通过提高劳动生产率、增加企业总工程量，并从降低固定成本的绝对值入手，而降低变动成本只有从降低单位分项工程的消耗定额入手。

2）按成本发生的时间划分

根据成本管理要求，施工成本按成本发生的时间不同，可划分为预算成本、计划成本和实际成本3种。

（1）预算成本

园林工程预算成本是根据施工图由统一标准的工程量计算出来的成本费用。预算成本是确定工程造价的基础，也是编制计划成本和评价实际成本的依据。

（2）计划成本

园林工程施工计划成本是指施工项目经理部根据计划期的有关资料，在实际成本发生前预先计算的成本。它对于加强园林施工企业和项目经理部的经济核算管理，建立和健全施工项目成本管理责任制，控制施工过程中的生产费用，降低施工项目成本具有重要作用。

（3）实际成本

实际成本是园林施工项目在施工期间实际发生的各项生产费用的总和。把实际成本与计划成本比较，可揭示成本的节约或超支情况，考核园林施工企业施工技术水平及技术组织措施贯彻执行的情况和施工企业的经营效果。实际成本与预算成本比较，可以反映工程盈亏情况。因此，计划成本和实际成本都可以反映施工企业成本管理的水平，它受施工企业本身的生产技术、施工条件及生产经营管理的制约。

3）按生产费用计入成本的方法划分

园林工程施工成本，按生产费用计入成本的方法不同，可划分为直接成本和间接成本两种。

（1）直接成本

直接成本也就是直接费，是指直接耗用并能直接计入工程对象的费用。直接费由直接工程费和措施费组成。

①直接工程费　是指工程施工过程中耗费的构成工程实体的各项费用。包括人工费、材料费、机械台班费等。

②措施费　是指为完成工程项目施工，发生于该工程的非工程实体项目的费用。包括施工技术措施费（如大型机械设备进出场及安拆费、混凝土和钢筋混凝土模板及支架费、脚手架费、施工排水及降水费、草绳绕杆及大树支撑费等）和施工组织措施费（如环境保护费、文明施工费、安全施工费、临时设施费、夜间施工和缩短工期增加费、已完工程保护费、二次搬运费等）。

（2）间接成本

间接成本是指非直接用于工程也无法直接计入工程，而是为进行工程施工所必须发生的费用。间接费由规费和企业管理费组成。

①规费　是指政府或行政主管部门规定必须缴纳的费用。包括工程排污费、工程定额测定费、社会保障费、住房公积金、危险作业意外伤害保险费等。

②企业管理费　是指企业组织施工生产和经营管理所需的费用。包括管理人员工资及附加费、办公费、差旅费、固定资产使用费、工具用具使用费、劳动保险费、工会经费、职工教育费、财产保险费、财务费、税金和其他等。

此分类法能正确反映工程成本的构成，考核各项生产费用的使用是否合理，便于找出降低成本的途径。

8.2　园林工程施工项目成本计划

8.2.1　园林工程施工项目成本计划的概念

园林施工项目成本计划是项目全面计划管理的核心。其内容涉及项目范围内的人、财、物和项目管理职能部门等方方面面，是受企业成本计划制约而又相对独立的计划体系，并且园林工程项目成本计划的实现，又依赖于项目组织对生产要素的有效控制。

改革、创新的主要措施，就是将编制项目质量手册、施工组织设计、施工预算或项目计划成本、项目成本计划有机结合，形成新的项目计划体系，将工期、质量、安全和成本目标高度统一，形成以项目质量管理为核心，以施工网络计划和成本计划为主体，以人工、材料、机械设备和施工准备工作计划为支持的项目计划体系。

8.2.2　园林工程施工项目成本计划的特点

1) 具有积极主动性

成本计划不再仅仅是被动地按照已确定的技术设计、工期、实施方案和施工环境来预算园林工程的成本，而是更注重进行技术经济分析，从总体上考虑项目工期、成本、质量和实施方案之间的相互影响和平衡，以寻求最优的解决途径。

2) 动态控制过程

项目不仅在计划阶段进行周密的成本计划，而且要在实施过程中将成本计划和成本控制合为一体，不断根据新情况，如园林工程设计的变更、施工环境的变化等，随时调整和修改计划，预测园林项目施工结束时的成本状况以及项目的经济效益，形成一个动态控制过程。

3) 采用全寿命周期理论

成本计划不仅针对建设成本，还要考虑运营成本的高低。通常情况下，对园林施工项目的功能要求高，则施工过程中的工程成本增加，但今后使用期内的运营费用会降低；反之，如果园林工程成本低，则运营费用会提高。这就在确定成本计划时产生了争执，于是常常通过对园林工程项目全寿命期作总经济性比较和费用优化来确定项目的成本计划。

4) 成本目标的最小化与项目盈利的最大化相统一

盈利的最大化经常是从整个项目的角度分析的。如经过对园林项目的工期和成本的优化选择一个最佳的工期以降低成本，但是，如果通过加班加点适当压缩工期，使得施工项目提前竣工，根据合同获得的奖金高于工程成本的增加额，这时成本的最小化与盈利的最大化并不一致，从园林施工项目的整体经济效益出发，提前完工是值得的。

8.2.3　园林工程施工项目成本计划的组成及成本计划任务表

1) 园林工程施工项目成本计划的组成

园林施工项目成本计划一般由施工项目直接成本计划和间接成本计划组成。

(1) 直接成本计划

直接成本计划主要反映工程成本的预算价值、计划降低额和计划降低率。该计划的内容一般包括：总则(包括对园林施工项目的概述，项目管理机构及层次介绍，有关园林工程的进度计划、外部环境特点)、目标及核算原则(目标包括园林施工降低成本计划及计划利润总额、投资总节约额、主要材料和能源节约额、货款和流动资金节约额等，核算原则是指参与项目的各单位在成本、利润结算中采用何种核算方式)、成本计划总表、计划中计划支出数估算过程的说明、计划降低成本的来源分析。

（2）间接成本计划

间接成本计划主要反映园林施工现场管理费用的计划数、预算收入数及降低额。间接成本计划应根据园林工程项目的核算期，以项目总收入费的管理费为基础，制订各部门费用的收支计划，汇总后作为工程项目的管理费用的计划。

在间接成本计划中，收入应与取费口径一致，支出应与会计核算中管理费用的二级科目一致。间接成本的计划的收支总额，应与园林项目成本计划中管理费一栏的数额相符。各部门应按照节约开支、压缩费用的原则，制定"管理费用归口包干指标落实办法"，以保证该计划的实施。

2）园林工程施工项目成本计划任务表

项目成本计划任务表主要是反映园林工程项目预算成本、计划成本、成本降低额、成本降低率的文件。成本降低额能否实现主要取决于企业采取的技术组织措施，见表8-1所列。

表 8-1　项目成本计划任务表

项目	预算成本	计划成本	计划成本降低额	计划成本降低率
1. 直接费用				
人工费				
材料费				
机械使用费				
措施费				
2. 间接费用				
施工管理费				
合计				

8.2.4　园林工程施工项目成本计划的编制方法

1）施工预算法

施工预算法是指以施工图中的工程实物量，套以施工工料消耗定额，计算工料消耗量，并进行工料汇总，然后统一以货币形式反映其施工生产耗费水平。以施工工料消耗定额所计算的施工生产耗费水平，基本是一个不变的常数。一个工程项目要实现较高的经济效益(即较大降低成本水平)，就必须在这个常数基础上采取技术节约措施，以降低单位消耗量和降低价格等，来达到成本计划的成本目标水平。因此，采用施工预算法编制成本计划时，必须考虑结合技术节约措施计划，以进一步降低施工生产耗费水平。用公式来表示为：

施工预算法的计划成本＝施工预算施工生产耗费水平－技术节约措施计划节约额

2）技术节约措施法

技术节约措施法是指以工程项目计划采取的技术组织措施和节约措施所能取得的经济效果为项目成本降低额，然后求得工程项目的计划成本的方法。用公式表示：

工程项目计划成本＝工程项目预算成本－技术节约措施计划节约额(成本降低额)

3）成本习性法

成本习性法是固定成本和变动成本在编制成本计划中的应用，主要按照成本习性不同，将成本分成固定成本和变动成本两类，以此计算计划成本。具体划分可采用按费用分解的方法。

4）按实计算法

按实计算法就是工程项目经理部有关职能部门（人员）以该项目施工图预算的工料分析资料作为控制计划成本的依据，根据工程项目经理部执行施工定额的实际水平和要求，由各职能部门归口计算各项计划成本。

8.3 园林工程施工项目成本控制

成本控制是指在园林施工过程中，对影响项目成本的各种因素加强管理，并采取各种有效措施，将园林施工中实际发生的各种消耗和支出严格控制在成本计划范围内，随时揭示并及时反馈，严格审查各项费用是否符合标准、计算实际成本和计划成本之间的差异并进行分析，消除施工中的损失和浪费现象。通过成本控制，可以使之最终实现甚至超过预期的成本节约目标。园林工程施工成本控制应贯穿于园林工程项目从招投标阶段开始直到后期养护管理的全过程。

8.3.1 园林工程施工项目成本控制依据

1）承包合同文件

园林施工项目成本控制要以工程承包合同为依据，围绕降低工程成本这个目标，从预算收入和实际成本两方面，努力挖掘增收节支潜力，以求获得最大的经济效益。

2）成本计划

园林施工项目成本计划是根据园林工程项目的具体情况制订的施工成本控制方案，既包括预定的具体成本控制目标，又包括实现控制目标的措施和规划，是园林施工项目成本控制的指导文件。

3）进度报告

进度报告提供了每一时刻工程的实际完成量，园林工程施工成本实际支付情况等重要信息。园林施工成本控制工作正是通过实际情况与施工成本计划相比较，找出二者之间的差别，分析偏差产生的原因，从而采取措施改进以后的工作。此外，进度报告还有助于管理者及时发现工程实施中存在的隐患，并在事态还未造成重大损失之前采取有效措施，尽量避免损失。

4）工程变更与索赔资料

在园林工程项目的实施过程中，由于各方面的原因，工程变更是很难避免的。工程变更一般包括设计变更、进度计划变更、施工条件变更、技术规范与标准变更、施工次序变更、工程数量变更等。一旦出现变更，工程量、工期、成本都必将发生变化，从而使得施工成本控制工作变得更加复杂和困难。

施工成本管理人员应当通过对变更要求中各类数据的计算、分析，随时掌握变更情况，包括已发生工程量、将要发生工程量、工期是否拖延、支付情况等重要信息，判断变更以及变更可能带来的索赔额度等。

除了上述几种项目成本控制工作的主要依据以外，有关施工组织设计、分包合同文本等也都是园林工程项目成本控制的依据。

8.3.2　园林工程施工项目成本控制原则

1）全面控制原则

全面控制原则是指园林工程项目成本的全员控制和全过程控制。项目成本的控制需要动员企业的全体员工进行全过程的控制，项目部的成员在每一个施工阶段都要将成本控制当作一个重点工作。现场采购和管理人员要互相协调和沟通，从而合理地安排施工进度与劳动力。尤其是在苗木种植环节，要做到随起、随运、随种、随养，预防材料进场引起的误工现象。

2）动态控制原则

①园林工程的施工是一次性的，施工成本控制应依照每个施工阶段的不同进行动态控制，要做到与施工进度同步。其成本控制应更重视事前、事中控制。

②在园林施工开始之前进行成本预测，确定目标成本，编制成本计划，制定和修订各种消耗定额和费用开支标准。

③施工阶段重在执行成本计划，落实降低成本措施，实行成本目标管理。

④成本控制随施工过程连续进行，与施工进度同步，不能时紧时松，不能拖延。

⑤建立灵敏的成本信息反馈系统，使成本责任部门能及时获得信息、纠正不利成本偏差。

⑥制止不合理开支，把可能导致损失和浪费的苗头消灭在萌芽状态。

⑦竣工阶段成本盈亏已成定局，主要进行整个项目的成本核算、分析、考评。

3）目标管理控制原则

目标管理是贯彻执行计划的一种方法，它把计划的方针、任务目标和措施等逐一加以分解，提出进一步的具体要求，并分别落实到执行计划的有关部门、单位和个人。在开工前的施工准备阶段，对整个工程施工都要认真细致地做出计划，对各职能部门、施工队及班组进行施工目标的安排落实，让参加施工的每位管理人员及生产者都做到心中有数，生产有目标，施工的整个过程有计划。

4）节约原则

①施工生产既是消耗资源的过程，也是创造财富增加收入的过程，其成本控制也应坚持增收和节支相结合的原则；

②作为合同签约的依据，编制工程预算时应"以支定收"，保证预算收入；在施工过程中要"以收定支"，控制资源消耗和费用支出；

③成本核算时，要进行实际成本与预算收入的对比分析；

④严格控制成本开支范围和费用开支标准，对各项成本费用的支出进行限制和监督。每发生一笔成本费用，都要核查是否合理；

⑤提高施工项目的科学管理水平，优化施工方案，提高生产效率，节约人力、财力及物质的消耗；

⑥采取预防成本失控的技术组织措施，制止可能发生的浪费；

⑦坚持现场管理标准化，堵塞浪费的漏洞。

5）责、权、利相结合原则

要使成本控制真正发挥及时有效的作用，就必须严格按照经济责任制的要求，贯彻责、权、利相结合的原则。实践证明，只有责、权、利相结合的成本控制才是名实相符的项目成本控制。

8.3.3 园林工程施工项目成本各阶段控制内容

1）园林工程施工准备阶段

项目中标后应组建与项目规模相适应的项目经理部，切忌大而全，减少各项管理费用。园林施工企业应以承包合同为依据，向项目经理部下达成本控制目标。项目经理部应结合施工现场认真审核图纸，编制实施性施工组织设计，通过多方案的技术经济比较，从中选择经济合理、切合实际、先进可行的施工方案，编制成本计划，进行成本目标风险分析，制定降低成本的技术措施，然后确定自己的成本目标，做到对项目成本的事前控制。

2）园林工程施工阶段

在园林工程施工阶段，要以施工图预算、施工定额和费用开支标准等，对实施发生的成本费用进行控制。主要体现在以下几个方面：

（1）人工费的控制

通过科学、合理地组织施工，提高工程项目施工的技术水平，加强对施工人员的技能培训，提高劳动者的操作熟练程度和技术水平，加强劳动纪律、严格执行劳动定额，落实经济承包责任制，充分调动积极性，达到节约人工消耗、降低工程施工成本的目的。同时培养、配备一批一专多能的技术工人，便于调节各工序人数松紧情况，加快工程进度，以此来提高劳动生产率。这也就意味着单位产品劳动损耗的减少，从而达到降低施工成本的目的。

（2）材料费用的控制

在保证符合设计要求和质量标准的前提下，合理使用材料，通过定额管理，计量管理等手段有效控制材料物资的消耗。

①认真审核施工图纸，准确地计量所需工程量，并根据现场进行核实，然后进行采购；

②改进施工技术，推广使用降低料耗的各种新技术、新工艺、新材料；

③认真计量验收，坚持余料回收、降低料耗水平；

④加强现场管理，合理堆放，尤其对于苗木类，尽量做到随起、随运、随用，保证苗木的成活率，并且减少二次运输；

⑤由于材料的供货渠道不一，加上市场价格的波动，选购材料应货比三家，比质比价。材料的选购要尽量减少中间环节，拉大与预算价的降幅，争取更大的利润空间，实现工程项目的成本控制。

（3）机械费用的控制

合理选择和使用施工机械设备对成本控制具有十分重要的意义。在实际施工中，要根据工程特点和施工方案，合理选择机械的型号规格，充分发挥机械效能；要合理安排施工进程，提高机械利用率；要做好机械的维护和保养，保持良好的运行状态，从而加快施工进度，减少机械费用的支出。

3）园林工程施工验收阶段

施工验收是施工阶段的最后环节，通过竣工验收，全面考察工程质量，保证竣工项目符合设计要求，达到所规定的质量标准。因此，工程进入完工验收阶段，应有计划、有步骤、有重点地进行收尾工作的清理，找出遗漏项目和需要修补的过程，并及时处理。争取做到一次性验收合格，节省成品的养护时间，从而节约开支。

4）园林工程施工养护管理阶段

园林工程分项工程内容较多，总体来说可以分为绿化工程和园林附属工程，其养护期也各不相同，具体应以施工签订的合同为准。

园林附属工程在养护期内如果出现质量问题，应无条件地及时进行维护和修补，达到设计要求，因此，在施工阶段就要尽量保证工程质量，以减少后期养护上的费用。而对于绿化工程的养护，则应落实到具体的绿化部分来进行日常的管理和维护，建立具体的绿化养护管理制度，专业分工，落实一年四季不同的养护管理内容。

【实践教学】

实训 8-1　园林工程施工项目成本归类统计

一、实训目的

通过园林工程项目施工成本的分类统计，使学生掌握园林工程施工过程中成本的各项内容，为编制施工成本计划打下基础。

二、材料及用具

某园林工程项目承包合同、园林工程施工图纸、施工图预算、施工组织设计；速记本、铅笔、橡皮等。

三、方法及步骤

1. 将班级分成分若干小组，每组 4~5 人，组长拟任项目经理。

2. 组长组织组员认真分析工程项目的施工技术文件。

3. 以单项工程为成本核算对象进行成本分类。

4. 以表格的形式完成该项目的施工成本归类统计。

四、考核评估

1. 分类的针对性。

2. 分类的完整性。

3. 分类的正确性。

4. 团队合作精神。

五、作业

1. 完成工程施工成本归类统计表。

2. 每人完成实训报告。

【单元小结】

本单元主要讲述了园林工程施工成本的定义和分类，阐明了园林工程施工成本计划的概念、特点、组成、任务书以及编制方法，明确了园林工程施工成本控制的原则和施工各阶段的内容。其具体内容详见下表所列。

单元 8 园林工程施工项目成本管理	8.1 园林工程施工项目成本的概念	8.1.1 园林工程施工项目成本的定义	
		8.1.2 园林工程施工项目成本的分类	(1)按生产费用与工程量的关系划分； (2)按成本发生的时间划分； (3)按生产费用计入成本的方法划分
	8.2 园林工程施工项目成本计划	8.2.1 园林工程施工项目成本计划的概念	
		8.2.2 园林工程施工项目成本计划的特点	(1)具有积极主动性； (2)动态控制过程； (3)采用全寿命周期理论； (4)成本目标的最小化与项目盈利的最大化相统一
		8.2.3 园林工程施工项目成本计划的组成及成本计划任务表	(1)园林工程施工项目成本计划的组成； (2)园林工程施工项目成本计划任务表
		8.2.4 园林工程施工项目成本计划的编制方法	(1)施工预算法； (2)技术节约措施法； (3)成本习性法； (4)按实计算法
	8.3 园林工程施工项目成本控制	8.3.1 园林工程施工项目成本控制依据	(1)承包合同文件； (2)成本计划； (3)进度报告； (4)工程变更与索赔资料
		8.3.2 园林工程施工项目成本控制原则	(1)全面控制原则； (2)动态控制原则； (3)目标管理控制原则； (4)节约原则； (5)责、权、利相结合原则
		8.3.3 园林工程施工项目成本各阶段控制内容	(1)园林工程施工准备阶段； (2)园林工程施工阶段； (3)园林工程施工验收阶段； (4)园林工程施工养护管理阶段

【自主学习资源库】

1. 建设工程施工管理．丁士昭等．中国建筑工业出版社，2017.

2. 园林工程施工与管理．李本鑫等．化学工业出版社，2012.

3. 建设工程项目管理．吴浙文等．武汉大学出版社，2016.

【自测题】

1. 园林工程施工成本具体包括哪些?

2. 园林工程施工项目成本有哪些编制方法?

3. 在园林工程施工阶段，如何做好成本控制?

单元 9

园林工程施工职业健康与安全管理

【知识目标】

(1)了解园林工程施工项目职业健康与安全管理的相关知识。

(2)掌握园林工程施工项目安全管理的相关知识。

【技能目标】

(1)能编制施工项目职业健康与安全管理计划并实施。

(2)能制订园林工程施工项目的安全生产责任制。

(3)能妥善处理安全事故。

【素质目标】

(1)培养职业健康与安全意识。

(2)培养敬业精神和日常工作中的规范意识。

9.1　职业健康与安全管理概述

在目前的园林工程施工项目管理中，对安全的强调已经逐渐被健康、安全和环保这种综合管理所代替。职业健康与安全管理体系(OHSAS 18000)突出预防为主、领导承诺、全员参与、持续改进，强调自我约束、自我完善、自我激励。目前它已与 ISO 9000 质量管理体系和 ISO 14000 环境管理体系成为国际市场准入的重要条件之一。

9.1.1　OHSAS 18000 职业健康与安全管理体系概述

1) OHSAS 18000 职业健康与安全管理体系产生和发展

OHSAS 18000 全名为 Occupational Health and Safety Assessment Series 18000，是一项国际性职业健康与安全管理体系验证标准。

职业健康与安全管理体系是用系统论的理论和方法来解决依靠人的可靠性和安全技术可靠性所不能解决的生产事故和劳动疾病的问题，即从组织管理上来解决职业健康与安全问题。为此，英国标准化协会(BSI)、爱尔兰国家标准局、南非标准局、挪威船级社(DNV)等 13 个组织联合在 1999 年和 2000 年分别发表了职业健康安全评价系列(OHSAS)标准，即《职业健康安全管理体系——规范》(OHSAS 18001)和《职业健康安全管理体系 OHSAS 18001——实施指南》(OHSAS 18002)，尽管国际标准化组织 ISO 决定暂不颁布这类标准(不能写成 ISO 18001)，但许多国家和国际组织继续进行相关的研究和实践，并使之成为继 ISO 9000、ISO 14000 之后又一个国际关注的标准。

目前，我国的职业健康安全现状不容乐观，如我国的接触职业病危害人数、职业病患者累计数量、死亡数量和新发病人数，均居于世界首位。尽管我国经济高速增长，但是职业健康安全工作远远滞后，特别是加入 WTO 后，这种状况如果得不到很好解决，作为技术壁垒的存在，必将影响到我国的竞争力，甚至可能影响我国的经济管理体系运行。因此，我国政府正大力加强这方面的工作，力求通过工作环境的改善、员工健康与安全意识的提高、风险的降低及其持续改进、不断完善，给组织的相关方带来极大的信心和信任，也使那些经常以此为借口而形成的贸易壁垒不攻自破，为我国企业的产品进入国际市场提供有力的后盾，从而也充分利用加入 WTO 的历史机遇，进一步提升我国的整体竞争实力。

为了有效推动我国职业健康安全管理工作，提供企业职业健康安全管理水平，降低健康安全风险因素及相关费用，降低生产成本，并使企业管理模式符合国际通行的惯例，促进国际贸易及提高我国企业的综合形象，以此加强其在市场上的竞争力。1999 年 10 月，原国家经贸委颁布了《职业健康安全管理体系试行标准》；2001 年 11 月 12 日国家质量监督检验检疫总局发布了《职业健康安全管理体系——规范》(GB/T 28001—2001)，该体系标准覆盖了《职业健康安全管理体系——规范》(OHSAS 18001)的所有技术内容，并考虑了国际上有关职业健康安全管理体系的现有文件的技术内容。12 月 20 日，原国家经贸委又以第 30 号令的形式发布了《职业安全健康管理体系指导意见》和《职业安全健康管理体系审核规范》作为国内建立职业健康安全管理体系并通过认证的标准。《职业健康安全管理体系要求》已于 2011 年 12 月 30 日更新至 GB/T 28001—2011 版本，等同采用 OHSAS 18001—2007 新版标准，并于 2012 年 2 月 1 日实施。

2）推行 OHSAS 18000 的作用与益处

（1）实施职业健康安全管理体系的作用

①为企业提供科学有效的职业健康安全管理体系规范和指南；

②安全技术系统可靠性和人的可靠性不足以完全杜绝事故，组织管理因素是复杂系统事故发生与否的最深层原因，系统化，预防为主，全员、全过程、全方位安全管理；

③推动职业健康安全法规和制度的贯彻执行，有助于提高全民安全意识；

④使组织职业健康安全管理转变为主动自愿性行为，提高职业健康安全管理水平，形成自我监督、自我发现和自我完善的机制；

⑤促进进一步与国际标准接轨，消除贸易壁垒和加入 WTO 后的绿色壁垒；

⑥改善作业条件，提高劳动者身心健康和安全卫生技能，大幅减少成本投入和提高工作效率，产生直接和间接的经济效益；

⑦改进人力资源的质量，根据人力资本理论，人的工作效率与工作环境的安全卫生状况密不可分，其良好状况能大大提高生产率，增强企业凝聚力和发展动力；

⑧在社会树立良好的品质、信誉和形象，因为优秀的现代企业除具备经济实力和技术能力外，还应保持强烈的社会关注力和责任感、优秀的环境保护业绩和保证职工安全与健康；

⑨把 OHSAS 18001 和 ISO 9001、ISO 14001 建立在一起将成为现代企业的标志和时尚。

（2）建立职业健康安全管理体系对企业的益处

①提升公司的企业形象；

②增强公司凝聚力；

③减少企业经营的职业安全卫生风险，实现企业永续经营；

④改善内部管理；

⑤避免职业安全卫生问题所造成的直接、间接损失；

⑥善尽企业的国际、社会责任；

⑦适应国际贸易的新潮流。

9.1.2 园林工程施工项目危险源的辨识

1）危险源的定义

危险源是指可能导致人身伤害和(或)健康损害的根源、状态、行为或其组合。危险源是安全管理的主要对象，在实际生产过程中危险源是以多种多样的形式存在的，从本质上说能够造成伤害后果的(如伤亡事故、人身健康受到损害、物体受破坏和环境污染等)，均可归结为能量的意外释放或约束、限制能量和危害物质措施失控的结果。

根据危险源在事故发生中的作用不同，把危险源分为两类：生产过程中存在的，可能发生意外释放的能量(能源或能量载体)或危险物质称为第一类危险源；导致能量和危险物质约束或措施破坏、失效的各种因素称为第二类危险源，包括物的不安全状态，人的不安全行为，环境因素和管理缺陷。事故的发生是两类危险源共同作用的结果，第一类危险源是第二类危险源出现的前提，第二类危险源的出现是第一类危险源导致事故的必要条件。第一类危险源是伤亡事故发生的能量主体，决定事故发生的严重程度；第二类危险源出现的难易决定事故发生的可能性。

2）危险源辨识

危险源辨识是指识别危险源的存在并确定其特性的过程，危险源辨识是安全管理的基础工作，主要目的是要找出每项工作有关的所有危险源，并考虑这些危险源可能会对什么人造成什么样的损害或导致什么设备损坏。

危险源辨识的方法有作业条件危险性评价法、预先危害分析法、问卷调查、现场观察、专家咨询、故障类型及影响分析法、风险概率评价法、查阅文件和记录、危险与可操作性研究、事件树分析、故障树分析、头脑风暴法、矩阵法等。这些方法都有各自的特点和局限性，在实际的工作中一般采用两种或两种以上方法来辨识危险源。项目管理人员主要采用现场调查的方法，通过询问交谈、现场观察、查阅有关记录来获取外部信息，加以分析研究辨识有关的危险源。

施工项目部应根据工程的类型、特点、规模，结合自身管理水平，在充分了解现场危险源分布的情况下，辨识各个施工阶段、部位和场所需要控制的危险源，列出清单。从范围上讲，危险源应包括施工现场内受影响的全部人员、活动和场所以及受到影响的周边环境。

园林施工项目在进行危险源辨识时应注意以下几点：

①辨识可控制的危险源时，应充分考虑生产过程、设备运行过程、物资储运过程、办公生活过程，包括常规活动（如正常的作业活动）和非常规活动（如临时抢修）；

②辨识可施加影响的危险源时，应充分考虑供方和分包方所提供的产品或服务过程，以及所有进入工作场所的人员（包括合同方人员和访问者）的活动；

③辨识危险源要考虑过去、现在和将来3种时态，正常、异常和紧急3种状态，以及危害的7种类型（机械能、电能、热能、化学能、放射能、生物因素、人机工程因素）；

④辨识危险源可能造成的后果应参照《企业职工伤亡事故分类标准》（GB 6441—1986）事故类别：物体打击、车辆伤害、机械伤害、起重伤害、触电、淹溺、灼烫、火灾、高处坠落、坍塌、爆炸、中毒和窒息、其他伤害等；

⑤危险源描述应是"产生原因+危害结果"，如未制定设备安全操作规程导致人员机械伤害；未断电进行设备检修导致人员触电；下雪天搬运导致人员摔伤等。

产生危害的因素有以下4个方面：管理缺陷；物的不安全状态；人的不安全行为；恶劣环境条件等。

9.1.3　施工项目安全风险的评价

1）评价方法

对辨识的危险源，采用"作业条件危险性评价法（LEC法）"进行风险评价。

（1）风险性公式

$$D = L \times E \times C$$

式中 　D——风险值；

　　　L——发生事故的可能性大小；

　　　E——人体暴露在这种危险环境中的频繁程度；

　　　C——发生事故可能造成的后果。

（2）3 个主要因素的评价方法，见表 9-1 至表 9-3 所列。

表 9-1　发生事故的可能性大小（L）

分数值	事故发生的可能性	分数值	事故发生的可能性
10	完全可以预料	0.5	很不可能，可以设想
6	相当可能	0.2	极不可能
3	可能，但不经常	0.1	实际不可能
1	可能性小，完全意外		

表 9-2　人体暴露在危险环境中的频繁程度（E）

分数值	频繁程度	分数值	频繁程度
10	连续暴露	2	每月一次暴露
6	每天工作时间内暴露	1	每年几次暴露
3	每周一次，或偶然暴露	0.5	非常罕见地暴露

表 9-3　发生事故产生的后果（C）

分数值	后果	分数值	后果
100	大灾难，许多人死亡	7	重伤，致残
40	灾难，数人死亡	3	严重，致伤
15	非常严重，一人死亡	1	引人注目，需要救护

2）评价标准

如表 9-4 所列，凡是 $D \geq 70$ 的可评为重大危险源，评价时应注意 D 与风险等级相对应，表明风险"不可接受"。对已辨识的重大危险源，经确认后列入《重大危险源清单》。

表 9-4　危险等级划分（D）

风险值	危险程度	风险等级
≥320	极其危险，易导致重大伤亡和财产损失	a 级不可容许风险
160~320	高度危险，需立即整改	b 级重大风险
70~160	显著危险，需要整改或高度关注	c 级中度风险
20~70	一般危险，需要注意	d 级可容许风险

9.1.4　施工项目职业健康与安全管理计划及其实施

1）职业健康与安全管理计划

施工项目职业健康与安全管理的目的是保护产品生产者和使用者的健康与安全。控制影响工程场所内企业及相关方人员（包括企业员工、临时工作人员、合同方人员、访问者和其他有关部门人员）职业健康和安全的条件和因素。考虑使用不当时，避免对使用者造成的职业健康和安全危害。

施工项目职业健康与安全管理计划要由有多年安全管理经验的人员来制订，其制订可以根据施工项目的工程内容，结合施工组织计划和施工进度计划来进行。尤其是对于那些容易产生人员伤亡的园林工程，如高空作业工程、需要使用机械或电力器具的工程要重点制订，以预防为主。

职业健康与安全管理计划制订步骤如下：

①当施工项目成立后，成立职业健康与安全管理专班；

②根据企业的目标和指标，组织相关人员对本项目的危险源进行辨识；

③对已辨识的危险源进行评价，判定是否为重大危险源，并列入《重大危险源清单》；

④对重大危险源潜在的事故、事件和紧急情况进行甄别，制定相应的《应急预案》；

⑤配备相应的应急物资，必要时组织应急演练。

施工项目职业健康与安全管理计划要制订得疏而不漏，保证园林工程建设有条不紊地安全进行。

2）职业健康与安全管理计划实施

为适应现代职业健康与安全管理的需要，达到预防和减少生产事故和劳动疾病、保护环境的目的，《职业健康安全管理体系要求》（GB/T 28001—2011）的运行模式采用了一个动态循环并螺旋上升的系统化管理模式，该模式的规定为职业健康与安全管理体系提供了一套系统化的方法，指导其组织合理有效地推行其职业健康与安全管理工作。

该模式分为 5 个过程，即制定职业健康安全方针、策划、实施与运行、检查和纠正措施以及管理评审等（图 9-1），这 5 个基本部分包含了职业健康与安全管理体系的建立过程和建立后有计划的评审及持续改进的循环，以保证组织内部职业健康与安全管理体系的不断完善和提高。

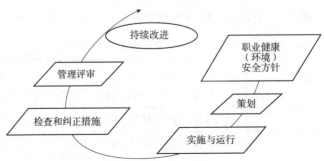

图 9-1　职业健康与安全管理体系运行模式图

9.2 园林工程施工项目安全管理

园林工程施工项目安全管理主要包括安全生产责任制、安全教育与培训、安全检查、安全事故处理等。建立健全园林工程施工项目安全管理是实现安全生产目标的保证。

9.2.1 安全生产责任制

安全生产责任制度是各项安全管理制度中最基本的一项制度。安全生产责任制度作为保障安全生产的重要组织手段，通过明确规定领导、各职能部门和各类人员在施工生产活动中应负的安全职责，把"管生产必须管安全"的原则从制度上固定下来，把安全与生产从组织上统一起来，从而强化园林施工企业各级安全生产责任，增强所有管理人员的安全生产责任意识，使安全管理做到责任明确、协调配合，使园林工程施工企业井然有序地进行安全生产。

1）建立安全生产责任制度

安全生产责任制度是企业岗位责任制度的一个主要组成部分。建立健全各级安全生产责任制，明确规定各级领导人员、各职能部门和各专业人员在安全生产方面的职责，并认真严格执行，对发生的事故必须追究各级领导人员和各专业人员应负的责任。可根据具体情况，建立劳动保护机构，并配备相应的专业人员。

2）安全生产责任制度的基本要求

①园林施工企业经理对本企业的安全生产负总的责任，各副经理对分管部门安全生产工作负责；

②园林施工企业总工程师（主任工程师或技术负责人）对本企业安全生产的技术工作负总的责任。在组织编制和审批园林施工组织设计（施工方案）和采用新技术、新工艺、新设备、新材料时，必须制定相应的安全技术措施，对职工进行安全技术教育，及时解决施工中的安全技术问题；

③施工队长应对本单位安全生产工作负具体领导责任。认真执行安全生产规章制度，制止违章作业；

④安全机构和专职人员应做好安全管理工作和监督检查工作；

⑤在几个园林施工单位联合施工时，应由总包单位统一组织现场的安全生产工作，分包单位必须服从总包单位的指挥。对分包施工单位的工程，承包合同要明确安全责任，对不具备安全生产条件的单位，不得分包工程。

3）安全生产责任制度的贯彻

①园林施工企业必须自觉遵守和执行安全生产的各项规章制度，提高安全生产思想认识；

②园林施工企业必须建立完善的安全生产检查制度，企业的各级领导和职能部门必须经常和定期地检查安全生产责任制度的贯彻执行情况，视结果的不同给予不同程度的肯定、表扬或批评、处分；

③园林施工企业必须强调安全生产责任制度和经济效益结合。为了安全生产责任制度的进一步巩固和执行，应与国家利益、企业经济效益和个人利益结合起来，与个人的荣誉、职称升级和奖金等紧密挂钩；

④园林工程在施工过程中要依靠和发动群众监督。在制定安全生产责任制度时，要充分发动群众参加讨论，广泛听取群众意见；制度制定后，要全面发动群众监督，只有群众参与的监督才是完善的、有深度的；

⑤各级经济承包责任制必须包含安全职责内容。

4）建立健全安全档案资料

安全档案资料是安全基础工作之一，也是检查考核落实安全责任制度的资料依据，同时为安全管理工作提供分析、研究资料，从而便于掌握安全动态，方便对每个时期的安全工作进行目标管理，达到预测、预报、预防事故的目的。

根据原建设部《建筑施工安全检查标准》（JGJ 59—2011）等要求，关于施工企业应建立的安全管理基础资料包括：

①安全组织机构；

②安全生产规章制度；

③安全生产宣传教育、培训；

④安全技术资料（计划、措施、交底、验收）；

⑤安全检查考核（包括隐患整改）；

⑥班组安全活动；

⑦奖罚资料；

⑧伤亡事故档案；

⑨有关文件、会议记录；

⑩总包、分包工程安全文件资料。

园林工程施工必须认真收集安全档案资料，定期对资料进行整理和鉴定，保证资料的真实性和完整性，并将档案资料分类、编号、装订归档。

9.2.2　安全教育与培训

为提高园林施工企业安全生产水平，要坚持安全教育和安全技术培训工作，其主要内容包括：安全思想教育、有关安全法律法规教育、劳动保护方针教育、安全技术规程和规章制度教育、安全生产技术知识教育、安全生产典型经验和事故教训等。此外，还要组织全体园林施工人员认真学习国家、地方和本企业的安全生产责任制、安全技术规程、安全操作规程和劳动保护条例等。要使全体职工经常保持高度的安全生产意识，牢固树立"安全第一"思想。

安全教育有以下几种方式：

1）岗位教育

对新工人、调换工作岗位的工人和生产实习人员，在上岗之前，必须进行岗位教育，包括：生产岗位的性质和责任、安全技术规程和规章制度、安全防护措施的性能和应用、个人防护用品的使用和保管等。通过学习，经考核合格后，方能上岗独立操作。

2）特殊工作人员的教育和训练

电气、焊接、山石假山作业、机械操作、大树移植等特殊工种和机动车辆驾驶作业的人员，除接受一般性安全教育外，还必须进行专门的安全操作技术培训，以及应知应会考核，未经教育、没有合格证和岗位证，不能上岗工作。

3）经常性安全教育

通过开展各种类型的安全活动，如安全月、安全日、班组的班前安全会、安全教育报告会、安全技术交流会、研讨会、事故现场会、录像、展览等多种形式，将劳动保护、安全生产规程及上级有关文件进行宣传，使职工重视安全、预防各种事故的发生。

9.2.3　安全检查

为了确保园林工程施工安全生产，园林施工项目经理部必须建立完善安全检查制度。安全检查时，及时发现并消除施工过程中存在的不安全因素，宣传落实安全法律法规与规章制度，纠正违章指挥和违章作业，提高各级负责人与从业人员安全生产自觉性与责任感，掌握安全生产状态与寻找改进需求的重要手段。

安全检查制度应对检查形式、方法、时间、内容、组织的管理要求、职责权限，以及对检查中发现的隐患整改、处理和复查的工作程序及要求作出具体规定，形成文件并组织实施。

安全检查应贯彻"安全第一、预防为主"的思想，必须查实、查细。对照规范、规程根据各岗位的特点制定安全措施，查找事故隐患。

园林施工项目经理部应根据施工过程的特点，法律法规、标准规范和企业规章制度的要求，以及安全检查的目的，确定安全检查内容。其内容应包括：安全生产责任制、安全生产保证计划、安全组织机构、安全保证措施、安全技术交底、安全教育、安全持证上岗、重大危险源清单及应急预案、安全设施、安全标识、操作行为、违规管理、安全记录等。并根据安全检查的内容，确定具体的检查项目及标准和检查评分方法，同时可编制相应的安全检查评分表。按检查评分表的规定逐项对照评分，并做好具体的记录，特别是不安全的因素和扣分原因。

园林施工项目经理部安全检查应配备必要的设备或器具，确定检查负责人和检查人员，并明确检查内容及要求。安全检查人员应对检查结果进行分析，找出安全隐患部位，确定危险程度，并编写安全检查报告。

园林施工项目经理部安全检查的方法应采取随机取样、现场观察、实地检测相结合的方式，并记录检测结果。

安全检查主要有以下类型：

1）日常安全检查

如班组的班前、班后岗位安全检查，各级安全员及安全值日人员巡回安全检查，各级管理人员检查生产的同时检查安全。

2）定期安全检查

如园林施工企业每季度组织 1 次以上的安全检查，企业的分支机构每月组织 1 次以上的安全检查，项目经理每周组织 1 次以上的安全检查。

3）专业性安全检查

如施工机械、临时用电、脚手架、安全防护措施、消防等专业安全问题检查，安全教育培训、安全技术措施等施工中存在的普遍性安全问题检查。

4）季节性安全检查

如针对冬季、高温期间、雨季、台风季节等气候特点的安全检查。

5）节假日前后安全检查

如元旦、春节、劳动节、国庆节等节假日前后的安全检查。

9.2.4　安全事故处理

园林工程施工中应努力避免安全事故的发生，一旦出现安全事故，就要以高度的责任感严肃认真对待，采取果断措施，防止事故扩大。事故发生后，要首先抢救受伤人员，及时救治，同时应保护好事故现场，报告有关部门，组织人员进行事故调查，查明原因，分清责任。原因调查清楚后，要根据事故程度，严肃处理有关责任人员，并采取针对性措施，避免事故再次发生，要及时清理事故现场，做好事故记录工作。

1）安全事故等级划分

依据《生产安全事故报告和调查处理条例》（国务院令第 493 号），根据安全事故造成的人员伤亡或者直接经济损失，安全事故可分为 4 个等级：

①特别重大事故　是指造成 30 人及以上死亡，或者 100 人及以上重伤（包括急性工业中毒，下同），或者 1 亿元及以上直接经济损失的事故；

②重大事故　是指造成 10 人及以上、30 人以下死亡，或者 50 人及以上、100 人以下重伤，或者 5000 万元及以上、1 亿元以下直接经济损失的事故；

③较大事故　是指造成 3 人及以上、10 人以下死亡，或者 10 人及以上、50 人以下重伤，或者 1000 万元及以上、5000 万元以下直接经济损失的事故；

④一般事故　是指造成 3 人以下死亡，或者 10 人以下重伤，或者 1000 万元以下直接经济损失的事故。

2）安全事故报告

（1）事故报告程序

事故发生后，事故现场有关人员应当立即向本单位负责人报告，单位负责人接到报告后，应当于 1 小时内，向事故发生地县级以上人民政府安全生产监督管理部门和负有安全生产监督管理职责的有关部门报告。

情况紧急时，事故现场有关人员可以直接向事故发生地县级以上人民政府安全生产监督管理部门和负有安全生产监督管理职责的有关部门报告。

（2）事故报告的内容

事故报告应当及时、准确、完整，任何单位和个人对安全事故不得迟报、漏报、谎报或者瞒报。报告事故应当包括下列内容：

①事故发生单位概况；

②事故发生的时间、地点以及事故现场情况；

③事故的简要经过；

④事故已经造成或者可能造成的伤亡人数(包括下落不明的人数)和初步估计的直接经济损失；

⑤已经采取的措施；

⑥其他应当报告的情况。

事故报告后出现新情况的，应当及时补报。自事故发生之日起 30 日内，事故造成的伤亡人数发生变化的，应当及时补报。

（3）事故报告后的处置

事故发生单位负责人接到事故报告后，应当立即启动事故相应应急预案，或采取有效措施，组织抢救，防止事故扩大，减少人员伤亡和财产损失。

事故发生地有关地方人民政府、安全生产监督管理部门和负有安全生产监督管理职责的有关部门接到事故报告后，其负责人应当立即赶赴事故现场，组织事故救援。

事故发生后，有关单位和人员应当妥善保护事故现场以及相关证据，任何单位和个人不得破坏事故现场、毁灭相关证据。

因抢救人员、防止事故扩大以及疏通交通等原因，需要移动事故现场物件的，应当做出标志，绘制现场简图并做出书面记录，妥善保存现场重要痕迹、物证。

3）事故调查和处理

事故调查处理应当坚持实事求是、尊重科学的原则，及时、准确地查清事故经过、事故原因和事故损失，查明事故性质，认定事故责任，总结事故教训，提出整改措施，并对事故责任者依法追究责任。

（1）事故调查

事故调查组有权向有关单位和个人了解与事故有关的情况，并要求其提供相关文件、资料，有关单位和个人不得拒绝。

事故发生单位的负责人和有关人员在事故调查期间不得擅离职守，并应随时接受事故调查组的询问，如实提供有关情况。

事故调查报告应当包括下列内容：

①事故发生单位概况；

②事故发生经过和事故救援情况；

③事故造成的人员伤亡和直接经济损失；

④事故发生的原因和事故性质；

⑤事故责任的认定以及对事故责任者的处理建议；

⑥事故防范和整改措施。

事故调查报告应当附具有关证据材料，事故调查组成员应当在事故调查报告上签名。

（2）事故处理

有关单位应当按照人民政府的批复，依照法律、行政法规规定的权限和程序，对事故发生单位和有关人员进行行政处罚，对负有事故责任的国家工作人员进行处分。

事故发生单位应当按照负责事故调查的人民政府的批复，对本单位负有事故责任的人员进行处理。负有事故责任的人员涉嫌犯罪的，依法追究刑事责任。

【实践教学】

实训9-1　园林工程施工项目危险源辨识

一、实训目的

使学生了解施工项目危险源，并能对危险源进行辨识。通过搜集资料、现场观察、问卷调查、专家咨询等方法来找出与每项工作有关的所有危险源，在危险源辨识过程中应清楚危险源伤害的方式和途径，确认危险源伤害的范围，深入理解园林施工安全管理的重要性。

二、材料及用具

笔记本电脑、照相机、速记本、中性笔、录音笔等。

三、方法及步骤

1. 通过网络查询，搜集园林工程施工项目危险源、主要伤害及防范措施相关资料。

2. 通过问卷调查，搜集园林工程施工项目危险源、主要伤害及防范措施相关资料。

3. 通过专家咨询，搜集园林工程施工项目危险源、主要伤害及防范措施相关资料。

4. 通过现场观察及上述三步，整理总结园林工程施工项目危险源辨识清单(包括主要伤害和防范措施)的详细资料。

四、归纳总结

填写表9-5。

表9-5　园林工程施工项目主要危险源辨识清单

分部工程	分项工程	危险源	主要产生伤害	防范措施
绿化	土方	土方开挖	坍塌	
		机械平整	机械伤害	
	场地清理	施工机械操作不当	机械伤害	
		施工机械作业安全距离不够	机械伤害	
		施工机械故障带病作业	机械伤害	
		施工机械消防不当	火灾	
		落石下滚防护不当	砸伤	
	苗木种植	挖好树穴未标识	跌落	
		苗木运输未按规定操作	物体打击	
		苗木吊装绑扎不牢	物体打击	
		人员处于起重物下方	砸伤	
		大型苗木支柱不牢	物体打击	

（续）

分部工程	分项工程	危险源	主要产生伤害	防范措施
绿化	苗木养护	农药、除草剂误食、喷洒无防护	中毒	
		绿篱修剪机、草坪机操作不当	机械伤害	
		焚烧枯枝	火灾、窒息	
园建	铺贴	材料码放不齐	砸伤	
		材料转运不当	砸伤	
		手持电动机具操作不当	机械伤害、触电	
	园路	打夯机操作不当	机械伤害、触电	
		压路机操作不当	车辆碾压	
		摊铺机操作不当	车辆碾压	
		运输车辆违章驾驶	车辆事故	
	小品	模板	跌落、物体打击、坍塌	
		搅拌机	机械伤害	
		材料码放不齐	物体打击	
		成品搬运	物体打击	
		手持机具	机械伤害、触电	
		手持安装工具	划伤	
	水电	材料转运不当	物体打击	
		坑洞开挖未标识	跌落	
		挖掘机操作不当	机械伤害、碾压	
		手持机具操作不当	机械伤害、触电	
		配电室/配电柜安全距离不够	触电	
		配电室/配电柜无明显标识、无锁	触电	
	水电	线路架设不符合要求，私拉乱接	触电	
		接地/接零保护不符合要求	触电	
		线路老化裸露	触电	
		临时用电及设备无专人管理	触电	
		配电室未设置消防设施	火灾	
		电工违章作业	触电	
事故救援				
事故处理				

五、作业

要求每人在表 9-5 的基础上继续完善详实施工项目的危险源，并给出具体的防范措施方案、事故救援方案和事故处理方案。

【单元小结】

本单元主要概述了园林工程施工项目管理中的职业健康与施工安全管理的相关内容。通过本单元的学习，使学生了解园林工程施工项目管理中的职业健康与施工安全管理，能够自主编制施工项目职业健康与安全管理计划并实施。具体内容详见下表。

单元 9　园林工程施工职业健康与安全管理	9.1　职业健康与安全管理概述	9.1.1　OHSAS 18000 职业健康与安全管理体系概述	（1）OHSAS 18000 职业健康与安全管理体系产生和发展； （2）推行 OHSAS 18000 的作用与益处
		9.1.2　园林工程施工项目危险源的辨识	（1）危险源的定义； （2）危险源辨识
		9.1.3　施工项目安全风险的评价	（1）评价方法； （2）评价标准
		9.1.4　施工项目职业健康与安全管理计划及其实施	（1）职业健康与安全管理计划； （2）职业健康与安全管理计划实施
	9.2　园林工程施工项目安全管理	9.2.1　安全生产责任制	（1）建立安全生产责任制度； （2）安全生产责任制度的基本要求； （3）安全生产责任制度的贯彻； （4）建立健全安全档案资料
		9.2.2　安全教育与培训	（1）岗位教育； （2）特殊工作人员的教育和训练； （3）经常性安全教育
		9.2.3　安全检查	（1）日常安全检查； （2）定期安全检查； （3）专业性安全检查； （4）季节性安全检查； （5）节假日前后安全检查
		9.2.4　安全事故处理	（1）安全事故等级划分； （2）安全事故报告； （3）事故调查和处理

【自主学习资源库】

1. 园林工程施工组织与管理．吴立威等．机械工业出版社，2008.

2. 园林工程建设施工组织与管理．蒲亚锋等．化学工业出版社，2011.

3. 园林工程施工组织管理．潘利等．北京大学出版社，2013.

4. 园林工程项目管理(第三版)．李永红等．高等教育出版社，2015.

5. 建设工程监理操作指南(第二版)．李明安．中国建筑工业出版社，2017.

6. 园林绿化工程施工及验收规范(CJJ 82—2012)．中华人民共和国住房城乡建设部，2012.

【自测题】

1. 园林工程项目施工安全管理有哪些主要内容？

2. 园林工程项目施工安全教育的方式有哪几种？

3. 园林工程项目施工安全管理制度主要有哪些？

4. 园林工程项目施工安全事故处理流程有哪些？

单元 10

园林工程竣工验收与养护管理

【知识目标】

(1)了解园林工程竣工验收的意义、依据和标准。

(2)了解园林工程竣工验收的准备工作的要求。

(3)熟悉园林工程竣工验收的程序。

【技能目标】

(1)学会园林工程绿地养护期养护管理的方法。

(2)能根据园林绿化工程施工及验收规范填写工程质量竣工验收表。

【素质目标】

(1)培养责任意识、服务意识。

(2)培养劳动光荣意识和热爱劳动的品质。

10.1　竣工验收依据和标准

当园林工程项目按施工合同约定，按设计文件和施工图纸要求，完成全部施工任务时，建设单位组织设计、施工、监理单位按合同和设计文件要求进行验证，并且办理园林工程施工资料的移交，这种交验工作就称为园林工程竣工验收。因此，竣工验收既是对建设项目的成果的工程质量(包含设计和施工质量)、经济效益等进行的一次全面考核和评估，又是对工程项目进行资料移交的必需手续。

竣工验收一般是在整个建设项目全部完成后，一次集中验收，也可以分期分批组织验收，凡是一个完整的园林建设项目，或是一个单位工程建成后达到正常使用条件的就应及时地组织竣工验收。

10.1.1　竣工验收依据

①通过审批的计划任务书、设计纲要、设计文件；
②招投标文件和工程承包合同；
③施工图纸和设计说明、图纸会审记录、设计变更签证和技术核定单；
④国家或行业颁布的现行园林绿化工程施工及验收规范及工程质量检验评定标准；
⑤工程所用的材料、构件、设备质量合格文件；
⑥有关施工记录及检验报告单；
⑦施工承包单位提供的有关质量保证的文件；
⑧引进技术或进口成套设备的项目还应按照签订的合同和国外提供的设计文件等资料进行验收。

10.1.2　竣工验收标准

园林建设项目涉及多种门类、多种专业，且要求的标准也各异，加之其艺术性较强，故很难形成国家统一标准，因此，对工程项目或一个单位工程的竣工验收，可先分解成若干部分，再选用相应或相近工种的标准进行。

1)绿化工程

凡绿化施工项目的品种、规格、数量、质量及配置方式等应符合设计要求，成果及工序质量应符合《园林绿化施工及验收规范》的要求。如树木、花卉成活率不低于95%，名贵树木成活率应达到100%；草坪成活覆盖度不低于95%；水生、湿生植物栽植成活后，单位面积成活数有明确规定等。再如，栽植基础、种植穴槽、植物材料、苗木运输与假植、苗木修剪、各类植物栽植等均应符合要求。

2)园林附属工程

园路、广场地面铺装工程，假山、叠石、置石工程，园林理水工程，园林设施安装工程(包括座椅、标牌、果皮箱、园林护栏、绿地喷灌喷头安装和调试等)应符合设计图纸及技术说明要求，同时要满足《园林绿化施工及验收规范》的要求。

3)园林建筑工程

园林建筑工程包括游憩性建筑、娱乐建筑、办公及生活设施建筑等，不仅要符合设计要求，而且要满足建筑工程施工规范要求。同时，建筑物室内工程要全部完工，室外工程的明沟、踏步斜道、散水以及应平整建筑物周围场地，都要清除障碍物，并达到水通、电通、道路通。

4)水电安装工程

不仅要满足设计要求，水通、电通，而且要满足水电安装工程施工规范要求，完成规定的各道工序，且质量符合合格要求。

10.2 竣工验收准备工作

竣工验收前的准备工作是竣工验收工作顺利进行的基础，施工单位、建设单位、设计单位和监理工程师均应尽早做好准备工作，其中以施工单位和监理工程师的准备工作尤为重要。

10.2.1 施工项目部准备工作

1)工程档案资料

工程档案是园林建设工程的永久性技术资料，是园林施工项目进行竣工验收的主要依据。因此，档案资料的准备必须符合有关规定及规范的要求，必须做到准确、齐全，能够满足园林建设工程进行维修、改造和扩建的需要。一般包括以下内容：

①上级主管部门对该工程的有关技术决定文件；

②竣工工程项目一览表，包括竣工工程名称、位置、面积、特点等；

③地质勘察资料；

④工程竣工图，工程设计变更记录，施工变更洽商记录，设计图纸会审记录等；

⑤永久性水准点位置坐标记录，建(构)筑物沉降观测记录；

⑥新工艺、新材料、新技术、新设备的试验、验收和鉴定记录；

⑦工程质量事故发生情况和处理记录；

⑧建(构)物、设备使用注意事项文件；

⑨竣工验收申请报告、工程养护管理方案等。

2)竣工验收前自验

施工自验是施工单位资料准备完成后，在项目经理组织领导下，由生产、技术、质量、预算、合同和有关的工长或施工员组成预验小组。根据国家或地区主管部门规定的竣工标准、施工图和设计要求、国家或地区规定的质量标准的要求，以及合同所规定的标准和要求，对竣工项目分段、分层、分项地逐一进行全面检查。小组成员按照自己所主管的内容进行自检，并做好记录，对不符合要求的部位和项目，要制定修补处理的期限、措施和标准。施工单位在自验的基础上，对已查出的问题全部修补处理完毕后，项目经理应报请上级再进行复检，为正式验收做好充分准备。

园林建设工程中的竣工前检查的主要内容有：

（1）对园林建设用地内进行全面检查

①有无剩余的建筑及绿化材料；

②有无残留渣土等；

③有无尚未竣工的工程。

（2）对场区内外连接道路进行全面检查

①道路有无损伤或被污染；

②道路上有无剩余的建筑材料或渣土等。

（3）临时设施工程

①和设计图纸对照，确认现场已无残存物件；

②确认已无残留草皮、树根；

③向电力局、电信局、给排水公司等有关单位提交解除合同的申请。

（4）种植基础工程

①挖方、填方及残土处理作业　和设计图纸对照有无异常；检查地面是否达到设计要求。检查残土处理量有无异常，残土堆放地点是否按照规定进行了整地作业等；

②种植地基础作业对照设计图纸和施工说明书，检查有无异常。

（5）水电设施工程

①雨水检查井、雨水进水口、污水检查井等设施　和设计图纸对照有无异常；金属构件施工有无异常；管口施工有无异常；进水门底部施工有无异常及进水口是否有垃圾积存；

②电器设备　和设计图纸对照有无异常；线路供电电压是否符合当地供电标准，通电后运行设备是否正常；灯柱、电杆安装是否符合规程，有关部门认证的金属构件有无异常；各用电开关能否正常工作；

③供水设备　和设计图纸对照有无异常；通水试验有无异常，供水设备应能正常工作。

（6）建（构）筑物工程

①挡土墙作业　和设计图纸对照有无异常；试验材料有无损伤，砌法有无异常，接缝应符合规定，纵横接缝的外观质量有无异常；

②服务性建筑　和设计图纸对照有无异常；内外装修有无污损；油漆、涂料有无污损；

③休闲设施工程（棚架、长凳等）　和设计图纸对照有无异常；工厂预制品有无损坏；油漆有无污损；表面平整及光滑度是否满足标准要求。

（7）园路铺装工程

①卵石铺装　应按设计图纸及规范施工。卵石有无剥离；接缝及边角有无损伤；伸缩缝及铺装表面有无裂缝等异常；

②块料铺装　应按施工图纸施工。接缝及边角有无损伤；块料与基础有无剥离或空鼓现象；伸缩缝有无异常现象；与其他构筑物的接合部位有无异常。

（8）运动设施工程

和设计图纸对照有无异常；表面排水状况有无异常；表面施工是否良好，有无安全问题。

（9）游戏设施工程

和设计图纸对照有无异常；结构安装是否满足安全要求；表面平整及光滑度是否满足标准要求。

（10）绿化工程

①对照设计图纸，是否按设计要求施工。检查植株数和栽植面积有无出入；

②支柱是否牢靠，外观是否美观；

③有无枯死的植株；

④栽植地周围的整地状况是否良好；

⑤草坪是否平整，覆盖率是否满足要求；

⑥草坪和其他植物或设施的衔接是否美观。

3）竣工图

竣工图是如实反映施工后园林建设工程情况的图纸。它是工程竣工验收的主要文件，园林施工项目在竣工前，应及时组织有关人员进行测定和绘制，以保证工程档案的完备和满足维修、管理养护、改造或扩建的需要。所以，竣工图必须做到准确、完整，并符合长期归档保存的要求。

（1）竣工图编制的依据

竣工图编制依据包括园林工程施工设计图，设计变更通知书，工程联系单，施工变更洽商记录，施工放样资料，隐蔽工程记录和工程质量检查记录等原始资料。

（2）竣工图编制的内容要求

①施工过程中未发生设计变更，按图施工的施工项目，应由施工单位负责在原施工图纸上加盖"竣工图"章，可作为竣工图使用；

②施工过程有一般性的设计变更，但没有较大结构性的或重要管线等方面的设计变更，而且可以在原施工图上进行修改和补充时，可不再绘制新图纸，由施工单位在原施工图纸上注明修改和补充后的实际情况，并附以设计变更通知书、设计变更记录和施工说明。然后加盖"竣工图"章，亦可作为竣工图使用；

③施工过程中凡有重大变更或全部修改的，如结构形式改变、标高改变、平面布置改变等，不宜在原施工图上修改或补充时，应重新绘制实测改变后的竣工图，施工单位负责在新图上加盖"竣工图"章，并附上记录和说明作为竣工图；

④竣工图必须做到与竣工的工程实际情况完全吻合，不论是原施工图还是新绘制的竣工图，都必须是新图纸，必须保证绘制质量，完全符合技术档案的要求，坚持竣工图的校对、审核制度，重新绘制的竣工图，一定要经过施工单位主要技术负责人的审核签字。

4）设施与设备的试运转和试验

一般包括：安排各种设施、设备的试运转和考核计划；各种游乐设施尤其关系到人身安全的设施，如缆车等的安全运行应是试运行和试验的重点；编制各运转系统的操作规程；对各种设备、电气、仪表和设施做全面的检查和校验；进行电气工程的全面试验，管网工程的试水、试压试验；喷泉工程试验等。

10.2.2 监理工程师准备工作

1）竣工验收的工作计划

监理工程师是竣工验收的重要组织者，他首先应提交验收计划，计划内容分竣工验收的准备、竣工验收、交接与收尾3个阶段的工作。该计划应事先征得建设单位、施工单位及设计单位的一致意见。

2）经济与技术资料

总监理工程师于项目正式验收前，指示其所属的各专业监理工程师，按照原有的分工，对各自负责监理的项目的技术资料进行一次认真的清理。大型园林工程项目的施工期往往是1~2年或更长的时间，因此，必须借助以往收集的资料，为监理工程师在竣工验收中提供有益的数据和情况，其中有些资料将用于对施工单位所编的竣工技术资料的复核、确认和处理合同责任，工程结算和工程移交。

3）竣工验收条件、依据和必备技术资料

拟定验收条件，验收依据和验收必备技术资料是监理单位必须要做的又一重要准备工作。监理单位应将上述内容拟定好后发给建设单位、施工单位、设计单位及现场的监理工程师。

(1)竣工验收的条件

①合同所规定的承包范围的各项工程内容均已完成；

②各分部、分项及单位工程均已由施工单位进行了自检自验(隐蔽的工程已通过验收)，且都符合设计、国家施工及验收规范以及工程质量检验评定标准、合同条款等；

③电力、上下水、通信等管线均与外线接通、联通试运行，并有相应的记录；

④竣工图已按有关规定如实地绘制，验收的资料已备齐，竣工技术档案按档案部门的要求已进行整理。

(2)竣工验收的依据

列出竣工验收的依据(详见10.1.1)，并进行对照检查。

(3)竣工验收的组织和竣工验收必备的技术资料

大中型园林建设工程进行正式验收时，往往是由验收小组来验收。而验收小组的成员经常要先进行中间验收或隐蔽工程验收等，以全面了解工程的建设情况。为此，监理工程师与施工单位主动配合验收小组的工作，验收小组对一些问题提出的质疑，应给予解答。需给验收小组提供的技术资料主要有：

①竣工图；

②分项、分部、单位工程检验评定的技术资料。

一般园林建设工程项目多由建设单位邀请设计单位、质量监督及上级主管部门组成验收小组进行验收。工程质量由当地工程质量监督站核定质量等级。

10.3 竣工验收程序

10.3.1 预验收

竣工项目的预验收，是指在施工单位完成自检自验，并认为符合正式验收条件，在申报工程验收之后和正式验收之前的这段时间内进行的非正式验收。有委托监理的园林工程项目，总监理工程师应组织其所有各专业监理工程师来完成。竣工预验收要吸收建设单位、设计、质量监督人员参加，而施工单位也必须派人配合预验收工作。

由于预验收的时间长，又多是各方面派出的专业技术人员，因此对验收中发现的问题多在此时解决，为正式验收创造条件。为做好竣工预验收工作，总监理工程师要提出一个预验收方案，内容包括：预验收需要达到的目的和要求；预验收的重点；预验收的组织分工；预验收的主要方法和主要检测工具等；对参加预验收的人员进行必要的培训，使其明确以上内容。

预验收工作包括竣工验收资料的审查和工程竣工的预验收两大部分。

1）竣工验收资料的审查

认真审查技术资料，不仅是满足正式验收的需要，也是为工程档案资料的审查打下基础。

（1）技术资料主要审查内容

①工程项目的开工报告；

②工程项目的竣工申请报告；

③图纸会审及设计交底记录；

④设计变更通知单；

⑤技术变更核定单；

⑥工程质量事故调查和处理资料；

⑦水准点、定位测量记录；

⑧材料、设备、构件的质量合格证书；

⑨检验、试验报告；

⑩隐蔽工程记录；

⑪施工日志；

⑫竣工图；

⑬质量检验评定资料；

⑭工程竣工验收有关资料。

（2）技术资料审查方法

技术资料的审查方法包括审阅、校对和验证。

①审阅　边看边查，把不当的、遗漏的或错误的地方记录下来，然后再对重点仔细审阅，做出正确判断，并与施工单位协商更正；

②校对　监理工程师将自己日常监理过程中所收集积累的数据、资料，与施工单位提交的资料一一校对，凡是不一致的地方都记载下来，然后再与施工单位进行沟通，仍然不能确定的地方，再与当地质量监督站或设计单位进行佐证资料的核定；

③验证　若出现几个方面资料不一致而难以确定，可重新测量实物予以验证。

2）工程竣工的预验收

从某种意义上说，园林工程的竣工预验收比正式验收更为重要，因为正式验收时间短促，不可能详细、全面地对工程项目一一查看，而主要依靠对工程项目的预验收来完成。因此，所有参加预验收的人员均要以高度的责任感，并在可能的检查范围内，对工程数量、质量进行全面确认，特别对那些重要部位和易于遗忘的都应分别登记造册，作为预验收的成果资料，提供给正式验收中的验收小组参考和施工单位进行整改。

园林工程的竣工预验收由监理单位组织，主要进行以下工作。

（1）组织与准备

参加预验收的监理工程师和其他人员，应按专业或区段分组，并指定负责人。验收检查前，先组织预验收人员熟悉有关验收资料，制订检查方案，并将检查项目的各子目及重点检查部位以图表形式列示出来。同时准备好工具、记录表格，以供检查中使用。

（2）预验收方法

工程竣工的预验收，要全面检查各分项工程。检查方法有以下几种：

①直观检查　是一种定性、客观的检查方法，采用手摸眼看的方式，需要有丰富经验和熟练掌握标准的人员才能胜任此工作；

②测量检查　对能够实测实量的工程部位都应通过测量获得真实数据；

③点数　对各种设施、器具、配件、栽植苗木都应一一点数、查清、记录，如有遗漏或数量缺少，或质量不符合要求的，都应通知施工单位补齐或更换；

④操作检查　实际操作是检查功能和性能的好办法，对一些水电设备、游乐设施等应启动设备或操作检查。

上述检查之后，各专业组长应向总监理工程师报告检查验收结果。如果查出的问题较大，则应指令施工单位限期整改并再次复检；如果存在的问题属一般性的，通知施工单位抓紧整修。总监理工程师应编写预验收报告一式三份：一份交施工单位整改用，一份备正式验收时转交验收小组，一份由监理单位自存。这些报告应附上全部预验收的数据，与此同时，总监理工程师应填写竣工验收申请报告送项目建设单位。

10.3.2　正式竣工验收

正式竣工验收是指由国家、地方政府、建设单位有关领导和专家参加的最终整体验收。大中型园林建设项目的正式验收，一般由竣工验收小组的组长主持，具体的事务性工作可由总监理工程师来组织实施。

1）准备工作

①向验收小组成员发出请束，并书面通知设计、施工及质量监督等有关单位；

②拟定竣工验收的工作议程，报验收小组组长审定；

③选定会议地点；

④准备好一套完整的竣工和验收的报告及有关技术资料。

2）正式竣工验收

①由验收小组组长主持验收小组会议。会议首先宣布验收小组成员名单，介绍验收工作议程及时间安排，简要介绍工程概况，说明此次竣工验收工作的目的、要求及做法；

②由设计单位汇报设计施工情况及对设计的自检情况；

③由施工单位汇报施工情况以及自检自验的结果情况；

④由监理工程师汇报工程监理的工作情况和预验收结果；

⑤在实施验收中，验收人员可先后对竣工验收技术资料及工程实物进行验收检查；也可分为两组，分别对竣工验收的技术资料及工程实物进行验收检查。在检查中可吸收监理单位、设计单位、质量监督人员参加。在广泛听取意见、认真讨论的基础上，统一提出竣工验收的结论意见，如无异议，则予以办理竣工验收证书和工程验收鉴定书；

⑥验收小组组长宣布验收小组的验收意见，举行竣工验收证书和鉴定书的签字仪式；

⑦建设单位代表发言；

⑧验收小组会议结束。

10.3.3 工程质量验收方法

园林建设工程质量的验收是按工程合同规定的质量等级，遵循现行的质量评定标准，采用相应的手段对工程分阶段进行质量认可与评定。

1）隐蔽工程验收

隐蔽工程是指那些在施工过程中上一道工序的工作结束，被下一工序所掩盖，而无法进行复查的部位。如种植坑、直埋电缆等管网。因此，对这些工程在下一工序施工以前，现场监理人员应按照设计要求、施工规范，采取必要的检查工具，对其进行检查验收。如果符合设计要求及施工规范规定，应及时签署隐蔽工程记录交施工单位归入技术资料；如不符合有关规定，应以书面形式告知施工单位，令其处理，符合要求后再进行隐蔽工程验收与签证。

隐蔽工程验收通常所列结合质量控制中技术复核、质量检查工作来进行，重要部位改变时可摄影以备查考。

隐蔽工程验收项目和内容，详见表 10-1 所列。

表 10-1 隐蔽工程验收项目和内容

项目	验收内容
基础工程	地质、土质、标高、断面、桩位置及数量、地基、垫层等
混凝土工程	钢筋的品种、规格、数量、形状、焊缝接头位置、预埋件数量及位置、材料代用等
防水工程	屋面、水池、水下结构等防水层数、防水处理措施
绿化工程	苗木的土球规格、根系状况、种植穴规格、施基肥的数量、种植土的处理等
其他工程	管线工程、完成后无法进行检查的工程

2）检验批质量验收

园林工程每个检验批施工完成，施工单位自检合格后，监理工程师（建设单位项目专业技术负责人）组织项目专业质量检查员，按照质量验收规范的规定，进行验收并签认。

3）分项工程质量验收

对于重要的分项工程，监理工程师应按照合同的质量要求，根据该分项工程施工的实际情况，参照质量评定标准进行验收。

4）分部（子分部）工程质量验收

根据分项工程质量验收结论，参照分部（子分部）工程质量标准，可得出该工程的质量等级，以便决定能否验收。

5）单位（子单位）工程质量验收

通过对分项、分部工程质量等级的统计推断，再结合对质保资料的核查和单位（子单位）工程质量观感评分，便可系统地对整个单位（子单位）工程做出全面的综合评定，从而决定是否达到合同所要求的质量等级，进而决定能否验收。

有关检验批、分项工程、分部（子分部）、单位（子单位）工程质量验收应符合《园林绿化工程施工及验收规范》规定（详见 7.3.2 园林工程项目质量验收）。

10.4　园林工程养护期管理

10.4.1　养护范围和时间

1）养护范围

园林工程养护期的养护范围，为园林工程施工合同约定的全部内容，包括绿化工程、园林附属工程、园林建筑工程、上下水和强弱电安装工程等。

2）养护保修时间

自竣工验收完毕次日算起，绿化工程一般为 1 年，由于竣工当时不一定能看出栽植的植物材料的成活，需要经过一个完整的生长期的考验，因而 1 年是最短的期限。土建工程和水、电、卫生和通风等工程，一般保修期为 1 年，采暖工程为 1 个采暖期。养护保修期的长短，也可依据承包合同为准。

10.4.2　经济责任

经济责任必须根据修理项目的性质、内容和修理原因诸因素，由建设单位、施工单位和监理工程师共同协商处理。一般分为以下几种：

①养护、修理项目确实由于施工单位施工责任或施工质量不良遗留的隐患，应由施工单位承担全部检修费用；

②养护、修理项目是由建设单位和施工单位双方的责任造成的，双方应实事求是地共同商定各自承担的修理费用；

③养护、修理项目是由于建设单位的设备、材料、成品、半成品等的不良等原因造成

的，应由建设单位承担全部修理费用；

④养护、修理项目是由于用户管理使用不当，造成建筑物、构筑物等功能不良或苗木损伤死亡时，应由建设单位承担全部修理费用。

10.4.3　养护期间管理工作及检查

1）养护保修管理工作

养护保修管理工作主要内容是对质量缺陷的处理，以保证新建园林项目能以最佳状态面向社会，发挥其社会、生态环保及经济效益。施工单位的责任是完成养护、保修的项目，保证养护、保修质量。各类质量缺陷的处理方案，一般由责任方提出、监理工程师审定执行。

以下主要介绍绿化工程的相关内容。

（1）乔灌木养护

栽植后应有专职技工进行养护管理，主要工作如下：

①修剪　常绿树种以短截为主，不宜过多修剪，内膛侧枝不宜修空，如果顶梢枯萎，要保证有候补枝条；落叶树种要充分利用老枝上的新梢，俗称"留活芽"；

②剥芽　在生长季节，树干或树枝上会长出许多嫩芽和嫩枝，既消耗营养又扰乱树形，在树木萌芽后，要进行剥芽，剥芽分几次进行，尽可能提高留芽部位，保留新梢上的芽；留芽对落叶树种尤为重要；垂直绿化树种可通过摘心促使分枝，生长季节理藤造型；

③树身保湿　草绳包裹部分树干，同时每天早晚两次喷雾，常绿树、夏季尤为重要；

④根部保潮　用树皮等覆盖根部，适期适度浇水，保持土壤湿润，在确认树木成活后，以上措施可逐渐停止；

⑤排涝　注意排水，雨后不得积水；

⑥树木扶正　土壤沉降后，凡有树木倾斜或倒伏的应及时扶正；

⑦病虫害防治　要经常关注树木的生长状况，及时进行病虫害防治；

⑧补植　树木若有死亡，应适时用同一品种、同一规格的树木补植。

（2）花坛、花境养护

①浇水　根据天气情况，保证水分供应。宜清晨浇水，浇水时防止将泥浆溅到茎、叶上；

②排涝　做好排水工作，严禁雨季积水；

③保洁　花坛、花境的保护设施应经常保持清洁完好；

④病虫害防治　要经常关注花卉的生长状况，及时进行病虫害防治；

⑤补植　花卉若有死亡，应及时用同一品种、同一规格的花卉补植。

（3）草坪养护

①浇水　对冷季型草坪，春秋两季充分浇水，夏季适量浇水，并应在早晨浇；对暖季型草坪，夏季勤浇水，宜早、晚浇；浇水深度为 10cm 左右；

②排涝　及时排水，严禁积水；

③除杂　及时清除杂草、杂物；

④病虫害防治　要经常关注草坪的生长状况，及时进行病虫害防治；

⑤补植　草坪若有死亡，应及时用同一品种的草坪植物补植。

养护、保修责任为1年，在结束养护保修期时，将养护、保修期内发生的质量缺陷的所有技术资料归类整理，将所有期满的合同书及养护、保修书归整之后交还给建设单位，办理保修金返还的费用结算。

2）养护管理工作的检查

①定期检查　当园林建设项目进入养护管理期后，开始时每旬或每月检查1次，如3个月后未发现异常情况，则可每3个月检查1次。如有异常情况出现，则缩短检查的间隔时间。当经受暴雨、台风、地震、严寒后，监理工程师应及时赶赴现场进行观察和检查；

②检查的方法　有访问调查法、目测观察法、仪器测量法3种，不论每次检查使用什么方法都要详细记录；

③检查的重点　园林建设工程状况的检查重点应是主要建筑物、构筑物的结构质量；水池、假山等工程是否有不安全因素出现；树木养护是否出现大面积的死亡。在检查中要对结构的一些重要部位、构件重点观察检查，对已进行加固的部位更要进行重点观察检查，对出现树木大面积死亡的要分析原因。

10.5　园林工程移交与回访

10.5.1　工程移交

园林工程竣工验收后，经过一年期的养护保修工作，经监理单位和建设单位共同检查，检查内容同竣工验收，如能达到设计要求，并且满足园林工程施工及验收规范的规定，可以正式办理移交手续，工程实体正式移交给园林工程管理单位。

由总监理工程师和建设单位代表共同签署《工程移交证书》，监理单位和建设单位盖章。签发的工程移交证书一式三份，建设单位、监理单位、施工单位各执一份。

10.5.2　技术资料移交

园林建设工程的主要技术资料是工程档案的重要部分。因此，在正式验收时就应提供完整的工程技术档案，由于工程技术档案有严格的要求，内容又很多，往往又不仅是施工单位一家的工作，所以常常只要求施工单位提供工程技术档案的核心部分，而整个工程档案的归整、装订则留在竣工验收结束后，由建设单位、施工单位和监理工程师共同来完成。在整理工程技术档案时，通常是建设单位与监理工程师将保存的资料交给施工单位来完成，最后交给监理工程师校对审阅，确认符合要求后，由施工单位档案部门按要求装订成册，统一验收保存。

通过验收后的技术资料，待工程移交手续完成，连同工程实体正式移交给园林工程管理单位。

10.5.3　园林工程回访

园林工程项目交付使用后，施工单位应在一定期限内到园林工程管理单位进行回访，进行满意度调查，听取使用单位对该园林工程项目的施工及后期养护管理的意见和建议，以便对以后类似工程的实施进行改进。

在项目经理领导下，由生产、技术、质量及有关方面人员组成回访小组，必要时，邀请科研人员参加，回访时，由园林工程管理单位组织座谈会或听取会，听取各方面的使用意见，认真记录存在问题，并查看现场，落实情况，写出回访记录或回访记要。通常采用以下 3 种方式进行回访。

1）季节性回访

一般是雨季回访屋面、墙面的防水情况，自然地面、铺装地面的排水组织情况，植物的生长情况；冬季回访植物材料的防寒措施搭建效果，池壁驳岸工程有无冻裂现象等。

2）技术性回访

主要了解园林施工中所采用的新材料、新技术、新工艺、新设备的技术性能和使用后的效果；新引进的植物材料的生长状况等。

3）移交后的回访

主要是提醒建设单位注意各设施的维护、使用和管理，并对遗留问题进行处理。

【实践教学】

实训 10-1　单位工程质量竣工验收

一、实训目的

熟悉工程验收标准，填写单位工程质量竣工验收表。

二、材料及用具

30m 皮尺、5m 钢卷尺、2m 靠尺、塞尺、2m 测树钢围尺。

三、方法及步骤

1. 将班级分成分若干小组，每组 4~5 人。

2. 外业调查，现场收集有关资料，分项目、分段分块进行实测：两人测量，1~2 人复数，一人记录。

3. 内业整理，计算相关数据，填写表格，完成报告。

四、考核评估

根据实训中的出勤情况，对相关知识的掌握程度，对设备工具使用维护情况，实际操作的熟练程度，分析问题和解决问题的能力，团队协作精神，以及实训报告的编写水平和表格填写正确与否等，分为优、良、中、及格、不及格 5 个等级。

五、作业

填写表 10-2 至表 10-4。

表 10-2　园林绿化单位工程质量竣工验收报告

工程名称					
施工单位		技术负责人		开工日期	
项目负责人		项目技术负责人		竣工日期	
工程概况					
工程造价	万元	构筑物面积			m²
工程规模	m²	绿化面积			m²

本次竣工验收工程概况描述：

表 10-3　单位工程观感质量检查记录

工程名称				施工单位			
序号	项目			抽查质量状况	质量评价		
					好	一般	差
1	种植工程	绿地的平整度及造型					
2		生长势					
3		植株形态					
4		定位、朝向					
5		植物配置					
6		外观效果					
1	园林景观构筑物及其他造景	色彩					
2		协调					
3		层次					
4		整洁度					
5		效果					
1	园林铺地	整洁度					
2		协调性					
3		色泽					
观感质量综合评价							
检查结论：	施工单位项目经理签字： 年　月　日			总监理工程师(建设单位项目负责人)签字： 年　月　日			

注：质量评价为差的项目，应进行返修。

表 10-4 单位工程植物成活覆盖率统计记录

工程名称			施工单位			
序号	植物类型	单位	数量	成活覆盖率	抽查结果	核(抽)查人
1	常绿乔木					
2	常绿灌木					
3	绿篱					
4	落叶乔木					
5	落叶灌木					
6	色块(带)					
7	花卉					
8	攀援植物					
9	水生植物					
10	竹子					
11	草坪					
12	地被					
13						

结论:

施工单位项目经理签字:
　　　　　　　年　月　日

总监理工程师(建设单位项目负责人)签字:
　　　　　　　年　月　日

注:树木、花卉按株统计;草坪按覆盖率统计。抽查项目由验收组协商确定。

【单元小结】

本单元主要讲了园林工程竣工验收的依据和标准、竣工验收准备工作、竣工验收的程序、园林工程养护期管理、园林工程的移交、园林工程交付使用后的回访,其具体内容详见下表所列。

单元 10 园林工程竣工验收与养护管理	10.1 竣工验收依据和标准	10.1.1 竣工验收依据	
		10.1.2 竣工验收标准	(1)绿化工程; (2)园林附属工程; (3)园林建筑工程; (4)水电安装工程

（续）

单元 10　园林工程竣工验收与养护管理	10.2　竣工验收准备工作	10.2.1　施工项目部准备工作	(1)工程档案资料； (2)竣工验收前自验； (3)竣工图； (4)设施与设备的试运转和试验
		10.2.2　监理工程师准备工作	(1)竣工验收的工作计划； (2)经济与技术资料； (3)竣工验收条件、依据和必备技术资料
	10.3　竣工验收程序	10.3.1　预验收	(1)竣工验收资料的审查； (2)工程竣工的预验收
		10.3.2　正式竣工验收	(1)准备工作； (2)正式竣工验收
		10.3.3　工程质量验收方法	(1)隐蔽工程验收； (2)检验批质量验收； (3)分项工程质量验收； (4)分部(子分部)工程质量验收； (5)单位(子单位)工程质量验收
	10.4　园林工程养护期管理	10.4.1　养护范围和时间	(1)养护范围； (2)养护保修时间
		10.4.2　经济责任	
		10.4.3　养护期间管理工作及检查	(1)养护保修管理工作； (2)养护管理工作的检查
	10.5　园林工程移交与回访	10.5.1　工程移交	
		10.5.2　技术资料移交	
		10.5.3　园林工程回访	(1)季节性回访； (2)技术性回访； (3)移交后的回访

【自主学习资源库】

1. 园林工程施工组织设计与管理.邹原东.化学工业出版社，2014.

2. 园林绿化工程施工及验收规范(CJJ 82—2012).

3. 中国园林网项目管理(养护管理)：http://gc.yuanlin.com/HTML/List/Article/ClassList_27_1.HTML.

【自测题】

1. 园林工程竣工验收的依据和标准是什么？

2. 园林工程竣工验收时整理工程档案应汇总哪些资料？

3. 园林工程竣工验收应检查哪些内容？

4. 编制竣工图的依据及内容要求有哪些？

5. 正式竣工验收的准备工作和验收程序是什么？

6. 竣工验收时对工程质量如何验收？

7. 浅谈养护保修期阶段的管理。

单元 11

园林工程施工资料管理

【知识目标】

(1) 了解园林工程施工资料的相关概念。

(2) 掌握园林工程施工资料的范围和内容。

【技能目标】

(1) 能按园林工程施工资料的内容收集整理资料。

(2) 能编制园林施工资料的管理流程。

【素质目标】

(1) 增强专业规范和职业道德规范。

(2) 培养团队合作精神、内外沟通能力。

11.1 园林工程施工资料概述

园林工程施工资料是项目施工中的一项重要组成部分，是园林工程建设及工程竣工验收的必备条件，也是日后维修、扩建、改造、重建的重要档案资料。工程施工资料收集和整理的水平是反映工程质量和管理水平的重要依据。施工单位应随工程进度负责工程建设项目施工阶段资料的编制、收集、整理、保管，保证工程资料的及时、真实、完整、准确，能够反映工程建设活动的全过程。各省市建设部门都明确提出：任何一项工程，如果工程资料不符合标准规定，则判定该工程不合格，对工程质量具有否决权。

11.1.1 园林工程施工资料的概念和范围

1)园林工程施工资料的相关概念

①园林绿化工程　是指园林、城市绿地和风景名胜区中除园林建筑工程以外的室外工程。

②施工资料　是指施工单位在工程施工过程中形成的所有资料。

③园林工程施工　是指通过有效的组织方式和技术措施，按照设计要求，根据施工合同规定的工期，全面完成设计内容的全过程。

④园林绿化企业(施工单位)　是指与建设单位签订园林绿化工程施工合同，承担施工任务且具有相应资质的企业。

⑤分包　是指从事工程总承包的单位将所承包的建设工程的一部分依法发包给具有相应资质的承包单位的行为。

⑥转包　是指建设工程的承包人将其承包的建设工程倒手转让给第三人，使该第三人实际上成为该建设工程新的承包人的行为。

⑦竣工图　是指工程竣工验收后，真实反映建设工程施工结果的图样。

⑧立卷　是指按照一定的原则和方法，将有保存价值的文件分类整理成案卷的过程，亦称组卷。

⑨归档　是指文件的形成单位完成其工作任务后，将形成的文件整理立卷后，按规定移交档案管理机构。

⑩工程档案　是指在工程建设活动中直接形成的具有归档保存价值的文字、图表、音像等各种形式的历史记录。

2)园林工程施工资料的范围

园林工程施工资料的范围可参照表 11-1 所列。

11.1.2 园林工程施工资料的收集原则

1)及时性

施工资料是对建设实物质量情况的真实反映，因此要求必须按照建设施工的进度及时

表 11-1　园林工程施工阶段工程资料收集整理范围及目录

类别 编号		资料名称	表格编号 （或资料来源）	保存单位			
				施工 单位	监理 单位	建设 单位	备案 部门
C 类	C0	工程管理与验收资料					
	C1	施工管理资料					
	C2	施工技术文件					
	C3	施工物资资料					
	C4	施工测量监测记录					
	C5	施工记录					
	C6	施工试验记录					
	C7	施工质量验收记录					

收集。如施工方案、技术交底、设计变更等工作必须在施工前进行，所以这些资料的收集就要更及时、更全面。其次就是记录资料，最基本的是施工日记，它记录了整个施工生产活动，如果记录不及时，很容易漏记或误记，资料的真实性难以保证。资料的收集应及时，杜绝拖沓滞后，闭门造车现象和应付突击式的心理。

2）真实性

真实性是工程技术保证资料的灵魂，资料必须实事求是，客观准确，不要为了"取得较高的工程质量等级"而歪曲事实。如五层梁板模板安装检验批验收记录中，基础的截面尺寸偏差值填写为 0.1mm。很显然，这个精度无法达到，这份检验批验收记录是闭门造车的结果，失去了真实性。

3）准确性

准确性是做好工程技术保证资料的核心，工程资料的准确性反映了工程质量的可靠性。如混凝土强度评定应明确验收批的概念，应区分不同的分部或施工段，正确运用统计和非统计方法评定。同时，在具体计算时，混凝土强度的平均值取 1 位有效位数，标准差取 2 位有效位数等，都是为了给工程质量一个客观、真实、准确的评价。

4）完整性

完整性是做好工程技术保证资料的基础，完整的资料是日后维修、改建、扩建的有力依据，一个工程的基本资料应包括法定建设程序资料，施工资料、验收资料等，一般园林绿化工程按照专业基本包括土方、给排水、园路、假山、水景、供电照明、安防、背景音乐、绿化、园林建筑、小品设施安装等，无论缺少了哪部分，都会导致片面性，就不能系统地、全面地反映整个工程的质量状况。

11.2 园林工程施工资料内容

施工单位的施工资料应以各施工过程中形成的重要资料为主进行收集、管理。一般可以分为：开工前资料，质量验收资料，试验资料，材料、产品、构配件等合格证资料，施工过程资料，竣工资料。

11.2.1 开工前资料

开工前应收集的资料包括：工程概况表，工程动工审批表，施工许可证，施工现场质量管理检查记录，施工图纸，开工报告，图纸会审记录，施工组织设计资料等。

1) 工程概况表

《园林工程概况表》(表11-2)是对工程基本情况的简述，包括单位工程的一般情况、构造特征等，本表由施工单位填写，城建档案馆与施工单位各保存一份。

表中工程名称应填写全称，与工程规划许可证、施工许可证及施工图纸中的工程名称一致。

表 11-2 园林工程概况表

基本概况	工程名称		建设单位	
	建设地点		设计单位	
	总面积(m^2)		施工单位	
	投资规模(万元)		监理单位	
	开工日期	年 月 日	竣工日期	年 月 日
	其 他			
主要施工内容				
建设单位		(公章)		填表人：

2) 施工现场质量管理检查记录

《施工现场质量管理检查记录》(表11-3)，表上日期填写开工报告前一天，表中各单位名称应填写全称，与合同或协议书中名称一致。检查结论应明确，不应采用模糊用语，如"大概""也许""大约"等。

表 11-3 施工现场质量管理检查记录

开工日期：

工程名称				施工许可证号		
建设单位				项目负责人		
设计单位				项目负责人		
监理单位				总监理工程师		
施工单位		项目经理			项目技术负责人	
序号	项　目			主　要　内　容		
1	现场质量管理制度					
2	质量责任制					
3	主要专业工种操作上岗证书					
4	分包方资质与对分包单位的管理制度					
5	施工图审查情况					
6	地质勘察资料					
7	施工组织设计、施工方案及审批					
8	施工技术标准					
9	工程质量检验制度					
10	搅拌站及计量设置					
11	现场材料、设备存放与管理					

检查结论：

总监理工程师(建设单位项目负责人)：　　　　　　　　年　月　日

本记录表填表说明：

(1)质量责任制：主要包括：人员任命与职责分工文件；法定代表人对项目负责人的授权文件、项目负责人签署的工程质量终身责任承诺书；项目负责人、项目技术负责人、项目施工负责人；技术员、施工员、质检员、安全员、资料员；预算员、材料员、试验员、测量员、机械员、标准员；施工班组长、作业人员等。

(2)主要专业工种操作岗位证书：包括特种作业人员和测量工、钢筋工、木工等普通专业工种人员的岗位证书。

(3)分包单位管理制度：有分包情况的包括分包合同、对分包单位的质量安全管理制度等。

3)施工组织设计审批表

施工组织设计编写完成后，填写《施工组织设计审批表》(表 11-4)，经施工单位有关部门会签，主管部门提出审核意见，领导审批，施工单位盖章方为有效。

表 11-4　施工组织设计审批表

工程名称：

致监理单位：　　我方已根据施工合同的有关规定完成了＿＿＿＿＿＿＿＿＿＿＿＿＿＿＿＿＿工程施工组织设计（方案）的编制，并经我单位上级技术负责人审查批准，请予以审查。　　附：施工组织设计（方案） 承包单位（公章）＿＿＿＿＿＿＿ 项　目　经　理＿＿＿＿＿＿＿ 日　　　　期＿＿＿＿＿＿＿
专业监理工程师审查意见： 专业监理工程师＿＿＿＿＿＿＿ 日　　　　期＿＿＿＿＿＿＿
总监理工程师审核意见： 项目监理机构＿＿＿＿＿＿＿ 总监理工程师＿＿＿＿＿＿＿ 日　　　　期＿＿＿＿＿＿＿

承包单位：

4）图纸会审记录

图纸会审是一个会议，就是建设单位、施工单位对施工设计图上有的疑问或异议的地方统一提出，设计单位对各单位提出的专业问题进行交底解答，施工单位负责将会议内容按专业汇总、整理，形成图纸会审记录（表 11-5）。

表 11-5　图纸会审记录

工程名称			专业名称		
建设地点			日　期		年　　月　　日
序号	图　号	图纸问题		图纸问题交底或答复	
1					
2					
3					
⋮					
签字栏	建设单位		监理单位	设计单位	施工单位

注：本表由施工单位填写。

11.2.2　质量验收资料

园林工程施工质量验收资料，主要包括：检验批质量验收记录，分项工程质量验收记录，分部工程质量验收记录，单位工程质量竣工验收记录。

1) 检验批质量验收记录

园林工程每个检验批施工完成，施工单位自检合格后，应由项目专业质量检查员填报《检验批质量验收记录表》(表 11-6)。按照质量验收规范的规定，检验批质量验收应由监理工程师(建设单位项目专业技术负责人)组织项目专业质量检查员等进行验收并签字确认。

表 11-6　检验批质量验收记录表

编号：

工程名称			分部工程名称		验收部位	
施工单位			专业工长		项目经理	
施工执行标准 名称及编号						
分包单位			分包项目经理		施工班长	
主控项目	1	质量验收标准的规定		施工单位检查评定记录		
	2					
	⋮					
一般项目	1					
	2					
	⋮					
施工操作依据						
质量检查记录						
施工单位检查 评定结果		项目专业质量检查员：			年　　月　　日	
监理(建设)单位 验收结论		监理工程师(建设单位项目专业技术负责人)：			年　　月　　日	

本记录表填表说明：

(1)《检验批质量验收记录表》表头的填写

①"工程名称"按合同文件上的单位工程名称填写，子单位工程标出该部分的位置。

②"分部工程名称"按划定的分部(子分部)名称填写。

③"验收部位"是指一个分项工程中验收的那个检验批的抽样范围，要按实际情况标注清楚。

④"施工执行标准名称及编号"应填写施工所执行的工艺标准的名称及编号，如可以填写所采用的企业标准、地方标准、行业标准或国家标准；如果未采用上述标准，也可填写实际采用的施工技术方案等依据，填写时要将标准名称及编号填写齐全，此栏不应填写验收标准。

⑤"施工单位""分包单位"名称宜写全称，并与合同上公章名称一致，并注意各表格填写的名称应相互一致；"项目经理"应填写合同中指定的项目负责人，分包单位的项目经理也应是合同中指定的项目负责人，表头签字处不需要本人签字的地方，由填表人填写即可，只是标明具体的负责人。

(2)"质量验收标准的规定"栏的填写

制表时，按以下 4 种情况填写：

①直接写入　将主控项目、一般项目的要求写入。

②简化描述　将质量要求做简化描述，作为检查提示。

③写入条文号　当文字较多时，只将引用标准规范的条文号写入。

④写入允许偏差　对定量要求，将允许偏差直接写入。

(3)"施工单位检查评定记录"栏的填写

①对定量检查项目，当检查点少时，可直接在表中填写检查数据；当检查点数较多填写不下时，可以在表中填写综

合结论,如"共检查20处,平均4mm,最大7mm""共检36处,全部合格"等字样,此时应将原始检查记录附在表后。

②对定性类检查项目,可填写"符合要求"或用符号表示,打"√"或打"×"。

③对既有定性又有定量的项目,当各个子项目质量均符合规范规定时,可填写"符合要求"或打"√",不符合要求时打"×"。

④无此项内容时用打"/"来标注。

⑤在一般项目中,规范对合格点百分率有要求的项目,也可填写达到要求的检查点的百分率。

⑥对混凝土、砂浆强度等级,可先填报告份数和编号,待试件养护至28d试压后,再对检验批进行判定和验收,应将试验报告附在验收表后。

⑦主控项目不得出现"×",当出现打"×"时,应进行返工修理,使之达到合格;一般项目不得出现超过20%的检查点打"×",否则应进行返工修理。

⑧有数据的项目,将实际测量的数值填入格内。

"施工单位检查评定记录"栏应由质量检查员填写。填写内容:可为"合格"或"符合要求",也可为"检查工程主控项目、一般项目均符合《××质量验收规范》(GB ××—××)的要求,评定合格"等。质量检查员代表企业逐项检查评定合格后,应如实填表并签字,然后交监理工程师或建设单位项目专业技术负责人验收。

(4)"监理单位验收记录"栏的填写

①验收前,监理人员应采用平行、旁站或巡回等方法进行监理,对施工质量抽查,对重要项目作见证检测,对新开工程、首件产品或样板间等进行全面检查,做到心中有数。

②在检验批验收时,监理工程师应与施工单位质量检查员共同检查验收。监理人员应对主控项目、一般项目按照施工质量验收规范的规定逐项抽查验收。应注意:监理工程师应该独立得出是否符合要求的结论,并对得出的验收结论承担责任,认为验收合格,应签注"同意施工单位评定结果,验收合格"。对不符合施工质量验收规范规定的项目,暂不填写,待处理后再验收,但应做出标记。如果检验批中含有混凝土、砂浆试件强度验收等内容,应待试验报告出来后再判定。

③应由专业监理工程师或建设单位项目专业技术负责人填写。

2)分项工程质量验收记录

分项工程完成(即分项工程所包含的检验批均已完工),施工单位自检合格后,应填报《_____分项工程质量验收记录表》(表11-7)。

分项工程质量验收由监理工程师(建设单位项目专业技术负责人)组织项目专业技术负责人等进行验收并签收。

表11-7 _____分项工程质量验收记录

工程名称		结构类型		检查批数	
施工单位		项目经理		项目技术负责人	
分包单位		分包单位负责人		分包项目经理	
序号	检验批部位、区段	施工单位 检查评定结果		监理(建设)单位验收结论	
1					
2					
⋮					
检查结论	项目专业技术负责人: 年 月 日	验收结论		监理工程师 (建设单位项目专业技术负责人): 年 月 日	

本记录表填表说明:

①填写各"检验批部位、区段"栏,注意要填写齐全。

②"施工单位检查评定结果"栏，由施工单位质量检查员填写，可以打"√"或填写"符合要求，验收合格"。

③"监理(建设)单位验收结论"栏，专业监理工程师应逐项审查，同意项填写"合格"或"符合要求"，如有不同意项应做标记但暂不填写，待处理后再验收；对不同意项，监理工程师应指出问题，明确处理意见和完成时间。

④"检查结论"栏，由施工单位技术负责人填写，可填"合格"，然后交监理单位验收。

⑤"验收结论"栏，由监理工程师填写，在确认各项验收合格后，填入"验收合格"。

3)分部(子分部)工程质量验收记录

分部(子分部)工程完成，施工单位自检查合格后，应填报《_____分部(子分部)工程质量验收记录表》(表11-8)。

分部(子分部)工程应由总监理工程师或建设单位项目负责人组织有关设计单位、施工单位项目负责人和技术质量负责人等共同验收，并签认。

表 11-8 _____分部(子分部)工程质量验收记录

工程名称		结构类型		层数	
施工单位		技术部门负责人		质量部门负责人	
分包单位		分包单位负责人		分包技术负责人	
序号	分项工程名称	检验批数	施工单位检查评定	验收意见	
1					
2					
⋮					
质量控制资料					
安全和功能检验(检测)报告					
观感质量验收					
验收单位	分包单位				
	施工单位				
	勘察单位				
	设计单位				
	监理(建设)单位	总监理工程师(建设单位项目专业技术负责人)： 年 月 日			

注：(1)验收记录表填写说明

①表名前应填写分部(子分部)工程的名称，然后将"分部""子分部"两者划掉其一。

②"工程名称""施工单位"要填写全称，并与检验批、分项工程验收表的工程名称一致。

③技术、质量部门负责人是指项目的技术、质量负责人，但地基基础、主体结构及重要安装分部(子分部)工程应填写施工单位的技术、质量部门负责人。

④有分包单位时填写分包单位名称，分包单位要写全称，与合同或图章一致。分包单位负责人及分包技术负责人，填写本项目的项目负责人及项目技术负责人；按规定地基基础、主体结构不准分包，因此不应有分包单位。

⑤"分项工程名称"栏，先由施工单位按顺序将分项工程名称填入，将各分项工程检验批的实际数量填入，注意应与各分项工程验收表上的检验批数量相同，并要将各分项工程验收表附后。

⑥"施工单位检查评定"栏，填写施工单位对各分项工程自行检查评定的结果，可按照各分项工程验收表填写，合格的分项工程打"√"或填写"符合要求"，填写之前，应核查各分项工程是否全部都通过了验收，有无遗漏。

⑦"质量控制资料"栏，应按单位(子单位)工程质量控制资料核查记录来核查，但是各专业只需要检查该表内对应于本专业的那部分相关内容，不需要全部检查表内所列内容，也未要求在分部工程验收时填写该表。

当确认能够基本反映工程质量情况，达到保证结构安全和使用功能的要求时，该项即可通过验收。全部项目都通过验收，即可在"施工单位检查评定"栏内打"√"或标注"检查合格"，然后送监理单位或建设单位验收，监理单位总监理工程师组织审查，如认为符合要求，则在"验收意见"栏内签注"验收合格"意见。对一个具体工程，是按分部还是按子分部进行资料验收，需要根据工程的具体情况自行确定。

⑧"安全和功能检验(检测)报告"栏，应根据工程实际情况填写。安全和功能检验，是指按规定或约定需要在竣工时进行抽样检测的项目。

这些项目凡能在分部(子分部)工程验收时进行检测的，应在分部(子分部)工程验收时进行检测。具体检测项目可按单位(子单位)工程安全和功能检验资料核查及主要功能抽查记录中相关内容在开工之前加以确定。设计有要求或合同有约定的，按要求或约定执行。

在核查时，要检查开工之前确定的检测项目是否全部进行了检测。要逐一对每份检测报告进行核查，主要核查每个检测项目的检测方法、程序是否符合有关标准规定；检测结论是否达到规范的要求；检测报告的审批程序及签字是否完整等。

如果每个检测项目都通过审查，施工单位即可在检查评定栏内打"√"或标注"检查合格"。由项目经理送监理单位或建设单位验收，监理单位总监理工程师或建设单位项目技术负责人组织审查，认为符合要求后，在"验收意见"栏内签注"验收合格"意见。

⑨"观感质量验收"栏，填写应符合工程的实际情况。对观感质量的评判只作定性评判，不再做量化打分。观感质量等级分为"好""一般""差"共3档。"好""一般"均为合格；"差"为不合格，需要修理或返工。

⑩分部(子分部)工程质量验收记录表中，制表时已经列出了需要签字的参加工程建设的有关单位。应由各方参加验收的代表亲自签名，以示负责。

(2)填写注意事项

①分部(子分部)工程质量应由总监理工程师(建设单位项目专业技术负责人)组织施工项目经理和有关设计单位项目负责人进行验收。

②核查各分部(子分部)工程所含分项工程是否齐全，有无遗漏。

③核查质量控制资料是否完整，分类整理是否符合要求。

④核查安全、功能的检测是否按规范、设计、合同要求全部完成，未做的应补做，核查检测结论是否合格。

⑤对分部(子分部)工程应进行观感质量检查验收，主要检查分项工程验后到分部(子分部)工程验收之间，工程实体质量有无变化。如有，应修补达到合格，才能通过验收。

4)单位(子单位)工程质量竣工验收记录

园林工程《单位(子单位)工程质量竣工验收记录》是一个工程项目的最后一份验收资料，应由施工单位填写，各有关单位保存。

①单位工程完工，施工单位组织自检合格后，应报请监理单位进行工程预验收，通过后向建设单位提交工程竣工报告并填报《单位(子单位)工程质量竣工验收记录》(表11-9)。建设单位应组织设计单位、监理单位、施工单位等进行工程质量竣工验收并记录，验收记录上各单位必须签字并加盖公章。

②凡列入报送城建档案馆的工程档案，应在单位工程验收前由城建档案馆对工程档案进行预验收，并出具建设工程竣工档案预验收意见。

③单位工程质量竣工验收记录应由施工单位填写，验收结论由监理单位填写，综合验收结论应由参加验收各方共同商定，并由建设单位填写，主要对工程质量是否符合设计和规范要求及总体质量水平做出评价。

表 11-9 单位(子单位)工程质量竣工验收记录

工程名称		建设面积		绿化面积	
施工单位		技术负责人		开工日期	
项目经理		项目技术负责人		竣工日期	

序号	项 目	验收记录 (施工单位填写)	验收结论 (监理或建设单位填写)
1	分部工程	共 分部,经查分部, 符合标准及设计要求 分部	
2	质量控制资料核查	共 项,经审查符合要求 项	
3	主要功能和安全项目抽查	共抽查 项,符合要求 项, 其中经处理后符合要求 项	
4	观感质量验收 附属设施评定意见	共抽查 项,符合要求 项, 不符合要求 项	
5	综合验收结论 (建设单位填写)		

参加验收单位	建设单位	勘察单位	设计单位	施工单位	监理单位
	(公章)	(公章)	(公章)	(公章)	(公章)
	单位(项目) 负责人: 年 月 日	单位(项目) 负责人: 年 月 日	单位(项目) 负责人: 年 月 日	单位负责人: 年 月 日	总监理工程师: 年 月 日

本记录表填写说明:

①"分部工程"栏,根据各分部(子分部)工程质量验收记录填写。应对所含各分部工程,由竣工验收组成员共同逐项核查。对表中内容如有异议,应对工程实体进行检查或测试。核查并确认合格后,由监理单位在"验收记录"栏注明共验收了几个分部,符合标准及设计要求的有几个分部,并在右侧的"验收结论"栏内,填入具体的验收结论。

②"质量控制资料核查"栏,根据单位(子单位)工程质量控制资料核查记录的核查结论填写。建设单位组织由各方代表组成的验收组成员,或委托总监理工程师,按照单位(子单位)工程质量控制资料核查记录的内容,对资料进行逐项核查。确认符合要求后,在单位(子单位)工程质量竣工验收记录右侧的"验收结论"栏内,填写具体验收结论。

③"主要功能和安全项目核查"栏,根据单位(子单位)工程安全和功能检验资料核查及主要功能抽查记录的核查结论填写。

④"观感质量验收"栏,根据单位(子单位)工程观感质量检查记录的检查结论填写。参加验收的各方代表,在建设单位主持下,对观感质量进行抽查,共同做出评价。如确认没有影响结构安全和使用功能的项目,符合或基本符合规范要求,应评价为"好"或"一般"。如果某项观感质量被评价为"差",应进行修理。如果确难修理时,只要不影响结构安全和使用功能的,可采用协商解决的方法进行验收,并在验收表上注明。

⑤"综合验收结论"栏,应由参加验收各方共同商定,并由建设单位填写,主要对工程质量是否符合设计和规范要求及总体质量水平做出评价。

5)工程质量控制资料核查记录

单位(子单位)工程质量控制资料是单位工程综合验收的一项重要内容,是单位工程包含的有关分项工程中检验批主控项目、一般项目要求内容的汇总表。单位(子单位)工程质量控制资料核查记录(表 11-10),由施工单位按照所列质量控制资料的种类、名称进行检查,并填写份数,然后提交给监理单位验收。

表 11-10 单位(子单位)工程质量控制资料核查记录

序号	项目	资料名称	份数	核查意见	核查人
	工程名称		施工单位		
1		图纸会审、设计变更、洽商记录			
2		工程定位测量、放线记录			
3	绿化	栽植土检测报告			
4	工程	营养土合格证			
5		苗木出圃单、植物检疫证			
6		检验批、分项、设计变更、洽商记录			
1		图纸会审、设计变更、洽商记录			
2		工程定位测量、放线记录			
3	园林	原材料出厂合格证及进场检验报告			
4	建筑	施工试验报告及见证检验报告			
5	及	石料产地证明(包括假山叠石)			
6	结构	施工记录、隐藏工程验收记录			
7	工程	预制构件、预拌合格证			
8		地基基础、主体结构检验及抽检资料			
9		检验批、分项、分部工程质量验收记录			
1		材料、构配件出厂合格证及进试验报告			
2		盛水、泼水、通水、通球试验记录			
3	给排水	管道设备强度试验、严密性试验			
4	工程	隐蔽工程验收记录			
5		施工记录			
6		检验批、分项、分部工程质量验收记录			
1		材料、设备出厂合格证及进场检验报告			
2	电气	接地、绝缘电阻测试记录			
3	工程	隐蔽工程验收记录,施工记录,检验批、分项、分部工程质量验收记录			

结论:

施工单位项目经理: 总监理工程师(建设单位项目负责人):

            年 月 日   年 月 日

本记录表填写说明:

①本表其他各栏内容均由监理单位进行核查,独立得出核查结论。合格后填写具体核查意见,如齐全,具体核查人在"核查人"栏签字。

②总监理工程师在"结论"栏里填写综合性结论。

③施工单位项目经理在"结论"栏里签字确认。

6)单位(子单位)工程观感质量检查记录

单位(子单位)工程观感质量检查记录由总监理工程师组织参加验收的各方代表,按照表中所列内容,进行实际检查,协商得出质量评价、综合评价和验收结论意见。

工程质量观感检查是工程竣工后进行的一项重要验收工作,是对工程的一个全面检查。

单位工程的质量观感验收，分为"好""一般""差"3 个等级，检查的方法、程序及标准等与分部工程相同，属于综合性验收。质量评价为差的项目，应进行返修。

观感质量评定表见表 11-11 至表 11-13 所列。

表 11-11　园林绿化种植工程观感质量评定表

工程名称		施工单位												
序号	检查项目	检查内容	抽查质量状况									质量评价		
												好	一般	差
1	落叶乔木	冠形、长势												
		树干形态、包裹												
		定位、朝向												
		修剪												
		垂直度、支撑												
		坑穴培土处理												
2	常绿乔木、常绿大灌木、竹类	冠形、长势												
		定位、朝向												
		修剪												
		垂直度、支撑												
3	花灌木	树形、长势												
		定位、朝向												
		垂直度、支撑												
		修剪												
		坑穴培土处理												
4	绿篱、组团色块、花卉	长势												
		修剪												
		密度												
5	地形处理效果	自然外观整体效果												
		坡度及积水情况												
		与铺装、道牙衔接效果												
6	草坪、地被	表面整洁度												
		杂草												
		草色、长势												
		密度、修剪												
7	藤本植物	覆盖度												
		长势												
		固定												
8	水生植物	长势												
		郁闭度												
9	其他	杂草、杂物												
观感质量综合评价														

结论：
施工单位项目经理：　　　　　　　　　　　　　　　　　　　　　　年　月　日
总监理工程师(建设单位项目负责人)：　　　　　　　　　　　　　　年　月　日

表 11-12　园林建筑及附属设施工程观感质量评定表

工程名称			施工单位					
序号	检查项目	检查内容	抽查质量状况			质量评价		
						好	一般	差
1	面层	防滑处理效果						
		平整度						
		直顺度						
		积水程度						
		龟裂						
		伸缩缝贯通						
		铺装材料外观质量						
		卵石疏密程度						
		卵石铺装图案						
		卵石脚感						
		铺装粘贴牢固程度						
		汀步间距及走向合理性						
2	侧缘石	直顺度						
		平整度						
		弯曲度						
		接缝						
		侧石背后填土						
3	收水井与检查井	井箅外观						
		井框井箅合缝						
		井壁抹面平整、空鼓、裂缝、井内杂物情况						
		框盖完整、安装、位置情况						
		井盖与井壁连接处勾缝、渗水、漏水现象						
		井周围回填						
4	整体协调性	放线及边线弯顺效果						
		不同面层衔接处理						
5	其他							
观感质量综合评价								
结论：								
施工单位项目经理：						年　月　日		
总监理工程师(建设单位项目负责人)：						年　月　日		

表 11-13　假山叠石单位工程观感质量评定表

工程名称		施工单位											
序号	检查项目	检查内容	抽查质量状况								质量评价		
											好	一般	差
1	整体布局	比例与尺度的合适性												
		空间组合效果												
		与周围环境的协调性												
2	叠石堆筑	色泽的一致性、协调性												
		纹理效果												
		表面清洁度												
		灰缝												
		石料搭配比例												
3	塑山塑石	纹理、质感效果												
		色彩效果												
4	石笋、主景石效果													
5	瀑布效果													
6	光电效果													
7	安全防护功能	使用防护功能												
		安全稳固性												
		搭接牢固度												
8	其他													
观感质量综合评价														

结论：

施工单位项目经理：　　　　　　　　　　　　　　　　　　　　　年　月　日
总监理工程师(建设单位项目负责人)：　　　　　　　　　　　　　年　月　日

填写说明：

①参加验收的各方代表，经共同检查确认没有影响结构安全和使用功能等问题，可共同商定评价意见。评价为"好"或"一般"的项目由总监理工程师在"结论"栏内填写验收结论。

②如有被评价为"差"的项目，属不合格项，应返工修理，并重新验收。

③"抽查质量状况栏"可填写具体数据。

11.2.3 试验资料

凡按规范要求须做进场复试的物资，且没有专用复试表格的，应使用《材料试验报告（通用）》（表11-14）。材料试验报告由具备相应资质等级的检测单位出具，作为各种相关材料的附件进入资料流程，建设单位、施工单位各保存一份。

表11-14 材料试验报告(通用)

编号：　　　　　　　　　　试验编号：　　　　　　　　　　委托编号：

工程名称		试样编号	
施工单位		委托人	
材料名称		产地、厂别	
试验项目及说明：			
试验结果：			
结论：			
批准人	审核人		试验人
报告日期			年　月　日(章)

材料试验报告(通用)填写说明：

　①对于需要进场复试的物资，由施工单位及时取样后送至规定的检测单位，检测单位根据相关标准进行试验后填写材料试验报告并返还施工单位。

　②工程名称、使用部位及代表数量应准确并符合规范要求。

　③返还的试验报告应重点保存。

11.2.4 施工过程资料

1)隐蔽工程检查记录(通用)

隐蔽工程是指凡是会被下一道工序所覆盖，施工完毕后表面上无法看到的项目，包括园建基础、绿化树坑开挖与施肥、水电管线预埋、预埋铁件等，都需做隐蔽资料。隐蔽工程在隐蔽前必须进行隐蔽工程质量检查，由施工项目负责人组织施工人员、质检人员并请监理(建设)单位代表参加，必要时请设计人员参加，建(构)筑物的验槽，基础、主体结构的验收，应通知质量监督站参加，检查后填写《隐蔽工程检查记录》(表11-15)。该记录由施工单位填写，建设单位、施工单位、城建档案馆各保存一份。

表 11-15 隐蔽工程检查记录(通用)

编号:

工程名称				
隐蔽项目		隐蔽日期	年　月　日	
隐蔽部位				

隐蔽依据:根据图号＿＿＿＿＿＿＿＿＿＿＿＿＿＿＿,设计变更/洽商/技术核定单(编号＿＿＿/＿＿＿)及有关国家现行标准等。

　主要材料名称及规格/型号:＿＿＿＿＿＿＿＿＿＿＿

隐蔽内容:

检查结论:
□同意隐蔽　　　　　　　　　□不同意隐蔽,修改后复查

复查结论:
复查人:　　　　　　　　复查日期:　　　　　　　　年　月　日

施工单位全数检查评定结果:
项目专业质量检查员:　　　项目专业技术负责人:　　　年　月　日

监理(建设)单位验收结论:

监理(建设)项目部(章)
专业监理工程师(建设单位项目技术负责人):　　　　　　年　月　日

注:(1)隐蔽记录填写说明

①工程名称、隐蔽项目、隐蔽部位及日期必须填写准确。

②隐蔽依据、主要材料名称及规格型号应准确,尤其对设计变更、洽商等容易遗漏的资料应填写完全。

③隐蔽内容应填写规范,必须符合各种规程、规范的要求。

④签字应完整,严禁他人代签。

(2)注意事项

①审核意见应明确,将隐蔽内容是否符合要求表述清楚。

②复查结论主要是针对上一次隐蔽出现的问题进行复查,因此要对质量问题整改的结果描述清楚。

2)工程预检记录(通用)

工程预检记录(通用),由施工单位填写,施工单位保存,随相应检验批进入资料流程。依据现行施工规范,对于其他涉及工程结构安全、实体质量及人身安全须做质量预控的重要工序,做好质量预控,做好预检记录。

预检记录是对施工重要工序进行的预先质量控制检查记录,为通用施工记录,适用于各专业,预检项目及内容见表 11-16 所列。

表 11-16　工程预检记录(通用)

编号：

工程名称		预检项目	
预检部位		检查日期	
依据：施工图纸(施工图纸号＿＿＿＿＿＿＿)、设计变更/洽商(编号＿＿＿＿/＿＿＿)和有关规范、规程。 规格/型号：			
预检内容：			
检查意见： □合格　　　　□不合格			
复查意见： 复查人；　　　　　　　　　　　复查日期；			
施工单位			
专业技术负责人	专业质检员		专业工长

注意事项：

①检查意见应明确，一次验收未通过的要注明质量问题，并提出复查要求。

②复查意见主要是针对上一次验收的问题进行的，因此应把质量问题改正的情况表述清楚。

3)施工检查记录(通用)

《施工检查记录(通用)》(表 11-17)由施工单位填写并保存。

按照现行规范要求应进行施工检查的重要工序，且无与其相适应的施工记录表格的，施工检查记录(通用)适用于各专业。

施工检查记录应附有相关图表、图片、照片及说明文件等。

表 11-17　施工检查记录(通用)

编号：

工程名称		预检项目	
预检部位		检查日期	
检查依据：			
检查内容：			
检查结论：			
复查意见： 复查人：　　　　　　　　　　　复查日期：			
施工单位			
专业技术负责人	专业质检员		专业工长

注意事项：对隐蔽检查记录和预检记录不适用的其他重要工序，应按照现行规范要求进行施工质量检查，填写《施工检查记录(通用)》。

4）交接检查记录（通用）

工程施工《交接检查记录（通用）》（表 11-18），由施工单位填写，并由移交、接收和见证单位各保存一份。见证单位应根据实际检查情况，汇总移交和接收单位的意见并形成见证单位意见。

分项（分部）工程完成，在不同专业施工单位之间应进行工程交接，并进行专业交接检查，填写交接检查记录。移交单位、接收单位和见证单位共同对移交工程进行验收，并对质量情况、遗留问题、工序要求、成品保护、注意事项等进行记录，填写交接检查记录。

表 11-18　交接检查记录（通用）

编号：

工程名称			交接部位	
移交单位名称			接收单位名称	
见证单位			检查日期	
交接内容：				
检查结果：				
见证单位意见：				
见证单位名称				
代表签字	移交单位		接收单位	见证单位

注意事项："见证单位名称"栏内应填写施工总承包单位质量技术部门，参与移交及接受的部门不得作为见证单位。

11.2.5　竣工资料

工程竣工预验收的相关资料主要包括几个方面：

1）工程竣工总结

园林绿化工程竣工总结应包括以下内容：工程概况；竣工的主要工程数量和质量情况；使用了何种新技术、新工艺、新材料、新设备；施工过程中遇到的问题及处理方法；工程中发生的主要变更和洽商；遗留的问题及建议等。

2）工程竣工图

工程竣工图是建设工程竣工档案中最重要的部分，是工程建设完成的主要凭证性材料，是建筑物真实的写照，是工程竣工验收的必备条件，是工程维修、管理、扩建、改造的依据，各项新建、改建、扩建项目均必须编制竣工图，竣工图由建设单位委托施工单位、监理单位或设计单位进行绘制。

（1）园林工程竣工图大致可以分为以下几种类型：

①重新绘制的竣工图；

②在二底图上修改的竣工图；

③利用施工图改绘的竣工图。

以上3种类型的竣工图报送底图、蓝图均可。

（2）竣工图章或图签

竣工图应加盖竣工图章或绘制竣工图签，竣工图图签用于绘制的竣工图。竣工图图章用于施工图改绘的竣工图和二底图改绘的竣工图。

①竣工图签应有明显的"竣工图"标识。包括编制单位名称、制图人、审核人、技术负责人和编制日期等内容（图11-1）。如工程监理单位实施对工程档案编制工作进行监理，在竣工图章上应有监理单位名称、现场监理、总监理工程师等项内容（图11-2）。

②竣工图图章应按规定的格式与大小制作，竣工图章尺寸应为50mm×80mm。

③竣工图章应使用不易褪色的红印泥，应盖在图标栏上方空白处。

④竣工图图签也可以参照竣工图图章的内容进行绘制，但要增加工程名称、图名、图号，并注意保留原施工图图号、原图编号等项目内容（图11-3）。

竣工图	
(此栏编制单位名称)	
制图人：	
审核人：	
技术负责人：	
年 月 日	

图 11-1　竣工图章（甲）

竣工图	
施工单位	
编制人	审核人
技术负责人	编制日期
监理单位	
总监理工程师	现场监理

图 11-2　竣工图章（乙）

(编制单位)	原工程号	
	比 例	
(工程名称)	制 图	
	审 核	
(图名)	图 号	
	日 期	

图 11-3　竣工图图签

3）工程移交

竣工验收后，正式进入1年养护期，养护期满，由总监理工程师和建设单位代表共同签署《工程移交证书》（表11-19），监理单位和建设单位盖章后，送承包单位一份。

表 11-19　工程移交证书

工程名称		编　号	
地　　点		日　期	
致：_____（建设单位） 　　兹证明承包单位_____施工的_____工程，已按施工合同的要求完成，并验收合格，即日起该工程移交建设单位管理，并进入保修期。 附件：单位工程验收记录			
总监理工程师（签字）： 日期：　　年　月　日		监理单位（公章）： 日期：　　年　月　日	
建设单位代表（签字）： 日期：　　年　月　日		建设单位（公章）： 日期：　　年　月　日	

11.3 园林工程施工资料管理流程

11.3.1 各类施工资料管理流程

1）施工技术资料管理流程（图 11-4）

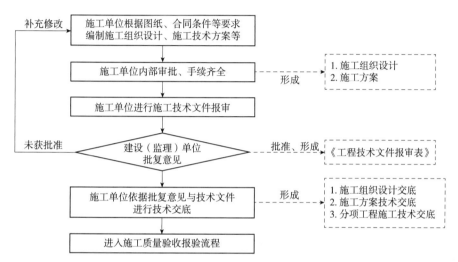

图 11-4 施工技术资料管理流程图

2）施工物资资料管理流程（图 11-5）

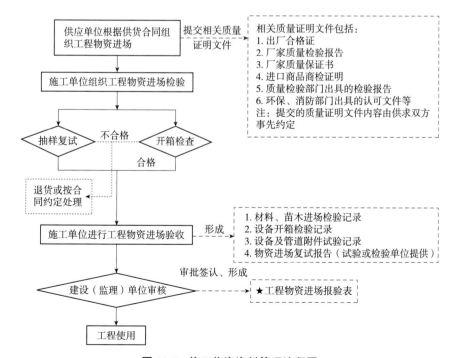

图 11-5 施工物资资料管理流程图

3）检验批质量验收流程（图11-6）

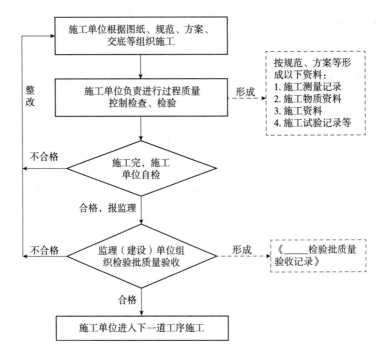

图 11-6　检验批质量验收流程图

4）分项工程质量验收流程（图 11-7）

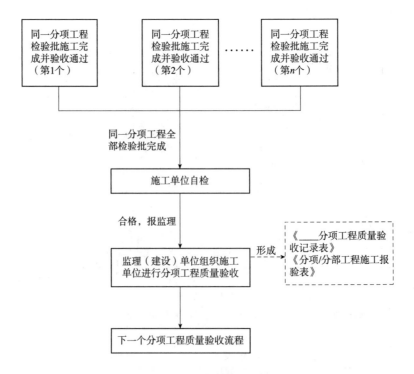

图 11-7　分项工程质量验收流程图

5) 分部(子分部)工程质量验收流程(图 11-8)

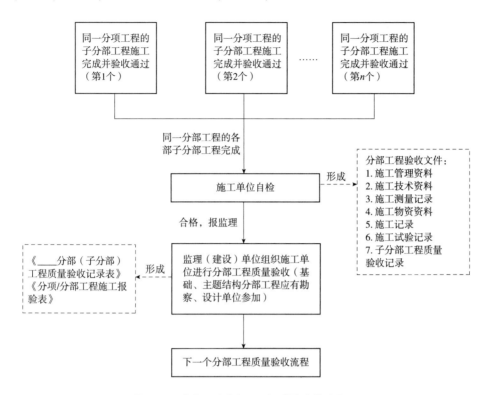

图 11-8 分部(子分部)工程质量验收流程图

6) 单位(子单位)工程验收资料管理流程(图 11-9)

11.3.2 施工资料归档与移交

归档是指资料形成单位完成其工作任务,将形成的资料整理立卷后,按规定移交给档案管理机构。它有以下 3 个方面的含义:

一是建设、勘察、设计、施工、监理等单位将本单位在工程建设过程中形成的资料向本单位档案管理机构移交;

二是勘察、设计、施工、监理等单位将本单位在工程建设过程中形成的资料向建设单位档案管理机构移交;

三是建设单位按照现行《归档整理规范》要求,将汇总的该建设工程的档案向地方城建档案管理部门移交。

1) 工程资料归档的意义

①档案是宝贵的财富,具有很高的史料价值;

②建设工程档案是企业技术经济资料的储备,企业可以此为依托开展技术交流,提高企业的管理水平及工程建设质量;

③建设工程档案是设计、施工、监理等相关单位向建设单位提供的工程建设质量保证的原始凭证;

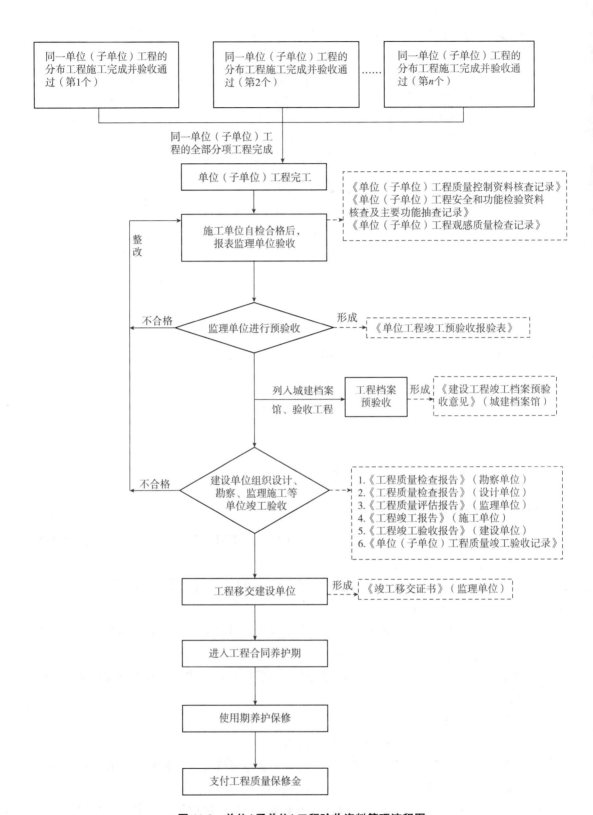

图 11-9 单位(子单位)工程验收资料管理流程图

④建设工程档案是鉴别工程质量，特别是结构工程中隐蔽工程质量的重要依据；同时，建设工程档案记录了工程建设的技术、质量情况以及其他相关参数。

2）工程资料的载体

工程资料载体一般有纸质和光盘两种。

3）工程资料立卷的原则

①立卷应遵循工程文件的自然形成规律，保持卷内文件的有机联系，便于档案的保管和利用；

②一个建设工程由多个单位工程组成时，工程文件应按单位工程组卷；

③案卷不宜过厚，一般不超过 40mm；

④案卷内不应有重复文件；

⑤不同载体的文件一般应分别组卷。

4）案卷装订

①案卷可采用装订与不装订两种形式。文字材料必须装订；既有文字材料又有图纸的案卷应装订；

②装订时必须剔除金属物；

③卷盒的外表尺寸为 310mm×220mm，厚度分别为 20mm、30mm、40mm、50mm；

④卷夹的外表尺寸为 310mm×220mm，厚度一般为 20~30mm；

⑤卷盒、卷夹应采用无酸纸制作。

5）施工资料的移交

施工、监理等有关单位应将工程资料按合同或协议约定的时间、套数移交给建设单位，办理移交手续。移交资料类别必须齐全，内容完整。资料移交的相关表格有以下两个。

（1）工程资料移交书

工程资料移交书是工程资料进行移交的凭证，应有移交日期和移交单位、接收单位的盖章（表 11-20）。

表 11-20　工程资料移交书

_____按有关规定向_____办理_____工程资料移交手续，共计_____册，其中图样材料_____册，文字材料_____册，其他材料_____张（　　　）。

附：工程资料移交目录

移交单位（公章）：　　　　　　　　　接收单位（公章）：

单位负责人：　　　　　　　　　　　　单位负责人：

技术负责人：　　　　　　　　　　　　技术负责人：

移交人：　　　　　　　　　　　　　　移交人：

（2）工程资料移交目录

工程资料移交，办理的工程资料移交书应附《工程资料移交目录》（表 11-21）。

表 11-21　工程资料移交目录

工程项目名称：

序号	案卷题名	数量						备注
		文字材料		图样资料		综合卷		
		册	张	册	张	册	张	
1								
2								
3								
⋮								

【实践教学】

实训 11-1　某园林绿化种植工程施工资料的收集

一、实训目的

使学生能熟悉园林绿化种植工程施工资料的收集方法，基本掌握绿化种植工程应收集资料的内容。

二、材料及用具

1. 材料：任课教师指定一个园林工程项目，给出设计文件及图纸。

2. 用具：钢笔、笔记本、计算机等。

三、方法及步骤

1. 认真学习设计文件及图纸。

2. 列出该园林工程项目绿化工程部分内容。

3. 列出该种植工程施工所产生的全部施工资料，要求分 3 类内容收集，分别是：施工管理性资料、施工资料、验收资料。

四、考核评估

1. 资料收集完整。

2. 资料分类正确。

3. 收集的资料电脑排版整齐。

五、作业

完成该绿化种植工程的资料收集目录。

实训 11-2　某园路工程施工资料的收集

一、实训目的

使学生能熟悉园路工程施工资料的收集方法，基本掌握园路工程应收集资料的内容。

二、材料及用具

1. 材料：任课教师指定一个园林工程项目，给出设计文件及图纸。

2. 用具：钢笔、笔记本、电脑等。

三、方法及步骤

1. 认真学习设计文件及图纸。

2. 列出该园林工程项目园路工程部分内容。

3. 列出该园路工程施工所产生的全部施工资料，要求分 3 类内容收集，分别是：施工管理性资料、施工资料、验收资料。

四、考核评估

1. 资料收集完整。

2. 资料分类正确。

3. 收集的资料电脑排版整齐。

五、作业

完成该园路工程的资料收集目录。

【单元小结】

本单元主要讲述了园林工程施工资料的概念、范围和收集原则，详细阐述了园林工程施工资料的内容，明确了园林工程施工资料的管理流程。具体内容见下表所列。

单元 11 园林工程施工资料管理	11.1 园林工程施工资料概述	11.1.1 园林工程施工资料的概念和范围	(1)园林工程施工资料的相关概念； (2)园林工程施工资料的范围
		11.1.2 园林工程施工资料的收集原则	(1)及时性； (2)真实性； (3)准确性； (4)完整性
	11.2 园林工程施工资料内容	11.2.1 开工前资料	(1)工程概况表； (2)施工现场质量管理检查记录； (3)施工组织设计审批表； (4)图纸会审记录
		11.2.2 质量验收资料	(1)检验批质量验收记录； (2)分项工程质量验收记录； (3)分部(子分部)工程质量验收记录； (4)单位(子单位)工程质量竣工验收记录； (5)工程质量控制资料核查记录； (6)单位(子单位)工程观感质量检查记录
		11.2.3 试验资料	

（续）

		11.2.4 施工过程资料	(1)隐蔽工程检查记录(通用)； (2)工程预检记录(通用)； (3)施工检查记录(通用)； (4)交接检查记录(通用)
	11.2 园林工程施工资料内容	11.2.5 竣工资料	(1)工程竣工总结； (2)工程竣工图； (3)工程移交
单元 11 园林工程施工资料管理	11.3 园林工程施工资料管理流程	11.3.1 各类施工资料管理流程	(1)施工技术资料管理流程； (2)施工物资资料管理流程； (3)检验批质量验收流程； (4)分项工程质量验收流程； (5)分部(子分部)工程质量验收流程； (6)单位(子单位)工程验收资料管理流程
		11.3.2 施工资料的归档与移交	(1)工程资料归档的意义； (2)工程资料的载体； (3)工程资料立卷的原则； (4)案卷装订； (5)施工资料的移交

【自主学习资源库】

1. 资料员一本通——园林工程现场管理人员一本通系列丛书．中国建材工业出版社，2008.

2. 园林工程资料编制从入门到精通．宁平．化学工业出版社，2017.

3. 园林学习网：http://www.ylstudy.com.

【自测题】

1. 简述工程资料的内容、重要性及作用。

2. 简述完成《隐蔽工程检查记录》的重要性，列出 3~4 个施工过程中需要填写此记录的工程。

3. 简述工程竣工资料验收的步骤。

参 考 文 献

李永红，2015. 园林工程项目管理［M］. 3 版. 北京：高等教育出版社.

李本鑫，周金梅，2012. 园林工程施工与管理［M］. 北京：化学工业出版社.

吴立威，2012. 园林工程施工组织与管理［M］. 北京：机械工业出版社.

刘一平，2009. 园林工程施工组织管理［M］. 北京：中国建筑工业出版社.

中国风景园林学会工程分会，中国建筑业协会古建筑施工分会，2008. 园林绿化工程施工技术［M］. 北京：中国建筑工业出版社.

工程施工项目管理课程建设团队，2011. 工程施工项目管理［M］. 北京：中国水利水电出版社.

Harold Kerzner，2002. 项目管理［M］. 杨爱华，杨磊，王增东，等译，北京：电子工业出版社.

王萍，罗永华，胡旭，2017. 园林工程施工组织与管理［M］. 南京：东南大学出版社.

陈科东，李宝昌，2012. 园林工程项目施工管理［M］. 北京：科学出版社.

金忠盛，2012. 施工项目管理［M］. 北京：机械工业出版社.

田建林，2010. 园林工程管理［M］. 北京：中国建材工业出版社.

丁士昭，2017. 建设工程施工管理［M］. 北京：中国建筑工业出版社.

李本鑫，2012. 园林工程施工与管理［M］. 北京：化学工业出版社.

吴浙文，2016. 建设工程项目管理［M］. 武汉：武汉大学出版社.

蒲亚锋，2011. 园林工程建设施工组织与管理［M］. 北京：化学工业出版社.

潘利，范雨菊，2013. 园林工程施工组织管理［M］. 北京：北京大学出版社.

李明安，2017. 建设工程监理操作指南［M］. 2 版. 北京：中国建筑工业出版社.

邹原东，2014. 园林工程施工组织设计与管理［M］. 北京：化学工业出版社.

宁平，2017. 园林工程资料编制从入门到精通［M］. 北京：化学工业出版社.

胡自军，2007. 园林施工管理［M］. 北京：中国林业出版社.

董三孝，2010. 园林工程施工与管理［M］. 北京：中国林业出版社.

付军，2010. 园林工程施工组织管理［M］. 北京：化学工业出版社.

卜永军，2008. 资料员一本通/园林工程现场管理人员一本通系列丛书［M］. 北京：中国建材工业出版社.

中华人民共和国住房和城乡建设部，2012. 园林绿化工程施工及验收规范（CJJ 82 — 2012）［S］. 北京：中国建筑工业出版社.